matemáticas

SEGUNDO trimestre

2 primaria

Índice

Comenzamos

El número más grande que puedas

La profesora ha pedido a los alumnos que escriban el número más grande de tres cifras con el 2, el 1 y el 7. Tanto Juan como Ana piensan que tienen razón… ¿Por qué será?

Triángulos escondidos

Un triángulo es una figura de tres lados. ¡Fíjate bien! En este dibujo no hay ninguna figura de tres lados… pero las puede haber. Dibuja lo que falta para que los triángulos tengan sus tres lados.

Jugando en el balancín

Silvia, Bruno y Miguel están jugando en el balancín. Bruno se monta primero con Silvia y luego con Miguel. Observa:

Ahora le toca el turno a Miguel con Silvia. ¿Qué pasará? Rodea.

El Reto

¿Cómo puedes conseguir medio litro de agua con una botella de un litro y medio y un vaso de un cuarto de litro?

¿Pares o nones?

Carla y Leo están jugando a pares o nones. Carla pide los pares y Leo los nones. ¿Quién gana en cada caso?

¡A CORRER!

Mario se ha llevado una gran decepción. Pensaba que iba primero en la carrera después de adelantar al segundo, que era Leo. Pero no es así. Finalmente ha ganado Diana. ¿En qué posición ha quedado cada uno? Colorea las medallas de oro, plata y bronce según su posición.

5 Números para pedalear

Hablamos y descubrimos

—Hoy, en lugar de en coche, iremos en bicicleta. Así no echaremos humo sucio al aire —ha dicho la madre de Irene esta mañana.

Ahora Irene pedalea y pedalea en la bici que han alquilado. ¡Le encanta la velocidad!

—Si vas tan rápido puede que te canses, te enfades y acabes echando humo —le dice su madre sonriendo—. Y aunque no contamines el aire, es mejor evitarlo.

1 ¿Qué hace Irene? ¿Por qué va en bicicleta?

2 ¿Por qué el humo de Irene no contamina el aire?

3 ¿Qué número tiene la bicicleta de Irene? Escribe como se lee.

4 Observa las señales de tráfico.¿Qué formas tienen?

¡Qué importante es... no contaminar el aire!

Aunque no lo veamos, el aire se ensucia. ¿Por qué es importante mantener limpio el aire?

Tarea final

Al acabar la unidad sabréis si cuidáis bien de nuestro aire o no.

Aprendo los números Mayor que, menor que

Irene lleva la bicicleta número 317, y su madre, la 299. ¿Quién lleva la bicicleta con el número menor?

El número 317 está situado más a la derecha que el 299, por tanto, 317 es mayor que 299, y 299 es menor que 317 → 299 < 317

▶ El número de la bici de la madre es menor que el número de la de Irene.

La madre de Irene ha pinchado. Para continuar coge la bicicleta con el número siguiente.

El número posterior al 299 es el 300.

1 ¿Qué número indica cada punto en la recta numérica? Escribe y ordena de mayor a menor y de menor a mayor.

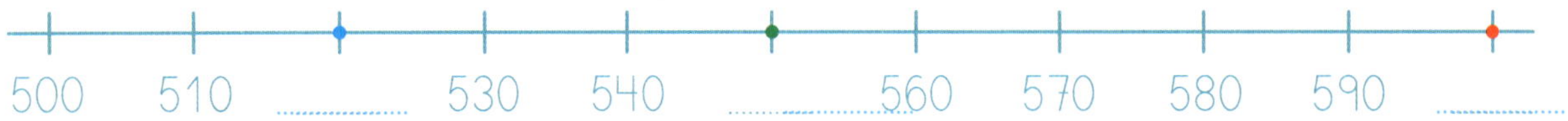

.... > .... > ....

.... < .... < ....

2 Escribe el número anterior y posterior en cada caso.

3 Irene está jugando con sus bloques y ha representado esta cantidad. Observa y responde.

- ¿Qué número representa? ....
- ¿Qué añades para representar el posterior?

....

- ¿De qué manera representas el anterior? Explica.

....

....

- El punto indica el número que ha representado Irene con sus bloques. Escríbelo y completa el número de cada marca.

4 Escribe el número anterior o posterior en cada caso. Luego, ordena de mayor a menor todos los números. ¡No olvides los signos!

Ochocientos doce → ....

.... → 400

Quinientos cuarenta y dos → ....

.... ◯ .... ◯ .... ◯ .... ◯ .... ◯ ....

5 ¿Qué bicicleta ha cogido el padre de Irene? Averigua y escribe cómo se lee.

- Tiene 3 cifras y el valor de la cifra de las decenas es 50.
- La cifra de las centenas y las unidades es el mismo y tiene la letra v en su nombre.

Resuelvo operaciones La resta con llevadas

Hoy es el *Día sin humos*. ¡*Todos en bici!*

Este año han salido a la calle 328 bicicletas, y el pasado, 246. ¿Cuántas bicicletas más han salido este año que el año pasado?

Para averiguarlo restamos 328 – 246.

1. Colocamos los números.
2. Como a 2 D no podemos quitarle 4 D preparamos la resta cambiando 1 C por 10 D.
3. Resolvemos la resta.

$$\begin{array}{r} 3\ 2\ 8 \\ -\ 2\ 4\ 6 \\ \hline \end{array} \qquad \begin{array}{r} \overset{2}{\cancel{3}}\ {}^{1}2\ 8 \\ -\ 2\ \ 4\ 6 \\ \hline \end{array} \qquad \begin{array}{r} \overset{2}{\cancel{3}}\ {}^{1}2\ 8 \\ -\ 2\ \ 4\ 6 \\ \hline 0\ \ 8\ 2 \end{array}$$

▶ Este año han salido 82 bicicletas más.

1 Prepara las restas y resuelve.

$$\begin{array}{r} 7\ 4\ 7 \\ -\ 1\ 6\ 2 \\ \hline \ldots \end{array} \qquad \begin{array}{r} 2\ 0\ 9 \\ -\ 1\ 3\ 2 \\ \hline \ldots \end{array} \qquad \begin{array}{r} 3\ 5\ 1 \\ -\ 2\ 7\ 0 \\ \hline \ldots \end{array}$$

$$\begin{array}{r} 5\ 7\ 9 \\ -\ \ 8\ 9 \\ \hline \ldots \end{array} \qquad \begin{array}{r} 1\ 0\ 1 \\ -\ \ 9\ 0 \\ \hline \ldots \end{array} \qquad \begin{array}{r} 2\ 9\ 8 \\ -\ 1\ 2\ 9 \\ \hline \ldots \end{array}$$

2 Continúa la serie.

Resuelvo operaciones La prueba de la resta

Irene quiere comprobar si ha hecho bien la resta, pero no quiere utilizar su calculadora. ¿Cómo puede hacerlo?

Para comprobar que una resta está bien hecha podemos hacer una suma.

1. Identificamos los términos de la resta.
2. Sumamos el sustraendo y la diferencia.

		Término		
	5 7 5	← Minuendo		1 2 4
−	1 2 4	← Sustraendo	+	4 5 1
	4 5 1	← Diferencia		5 7 5

Si al sumar el sustraendo y la diferencia el resultado es el minuendo es que la resta está bien hecha.

sustraendo + diferencia = minuendo

1 Haz la prueba de estas restas.

	9	8
−	3	6
	6	2

↓

	3	6
+	6	2

	5	9
−	2	1
	3	8

↓

	9	2	7
−	3	1	4
	6	1	3

↓

	5	7	6
−		3	5
	5	4	1

↓

2 Coloca en torre, resuelve estas restas y después haz la prueba.

727 – 115 | 891 – 49 | 505 – 221 | 304 – 92

Mido Kilo, medio kilo y cuarto de kilo. El gramo

Irene y su madre se acercan a la pastelería para comprar un bizcocho y celebrar en familia el cumpleaños de la abuela. ¿Cuánto bizcocho compran?

La unidad principal para medir la masa es el kilogramo. Se escribe kg.

1 kilo = 2 medios kilos

1 kilo = 4 cuartos de kilo

▶ Compran 1 kilo de bizcocho.

También se llevan virutas de chocolate. ¿Cuánto compran?

Para medir la masa de cosas poco pesadas se utiliza el gramo. Se escribe g.

▶ Compran 250 g de virutas de chocolate.

1 Dibuja las pesas que corresponden en cada caso y completa.

 1 kilo

 medio kilo

 cuarto de kilo

Medio kilo = 2 cuartos de kilo

2 medios kilos = 4 cuartos de kilo

1 kilo = ... medios kilos = ... cuartos de kilo

2 Agrupa por kilos y contesta.

 medio kilo

 cuarto de kilo

- ¿Cuántos kilos de bizcocho hay?
- ¿Cuánto falta para que haya otro kilo más?

3 Observa las balanzas y relaciona.

Pesa más de 1 kg. | Pesa menos de 1 kg. | Pesa 1 kg.

4 Piensa y colorea la unidad adecuada.

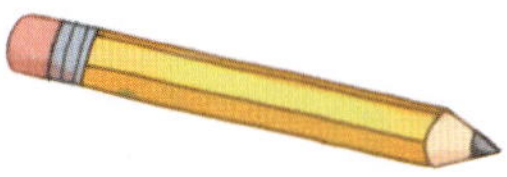 kilo | gramo

 kilo | gramo

 kilo | gramo

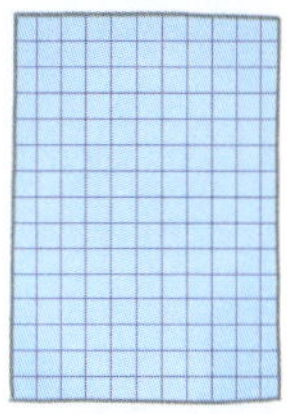 kilo | gramo

5 Y tú, ¿cuánto pesas? ¿Te pesas en kilos o en gramos? Escribe el nombre de cinco cosas que pesen menos que tú y de cinco que pesen más.

Conozco las figuras Lados y vértices. El perímetro

Irene recorta polígonos. Tiene que fijarse en el número de lados y lo que mide cada uno para que encajen bien. ¿Cuántos lados tiene el último que ha recortado?

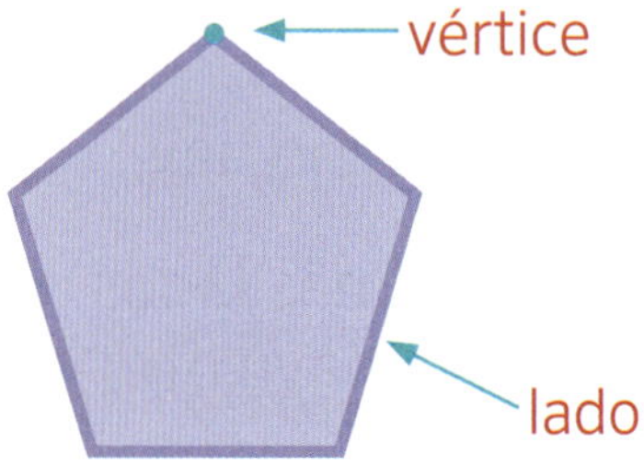

Un polígono es una figura plana cuyo borde es una línea poligonal cerrada. Tiene vértices y lados.

- Este polígono tiene 5 lados.

El perímetro es la suma de lo que mide cada lado del polígono.

1 Rodea los polígonos.

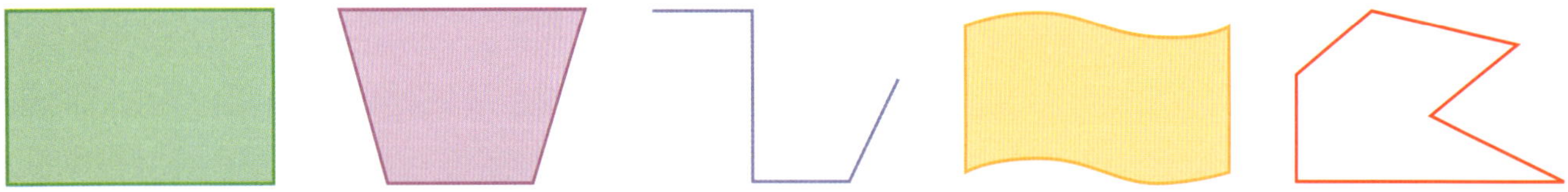

2 Observa, cuenta y completa.

-  .... lados y .... vértices. Es un triángulo.
-  .... lados y .... vértices. Es un cuadrado.
-  .... lados y .... vértices. Se llama pentágono.
-  .... lados y .... vértices. Se llama hexágono.

3 Convierte las líneas poligonales en los polígonos que elijas y repasa los lados de rojo y los vértices de azul.

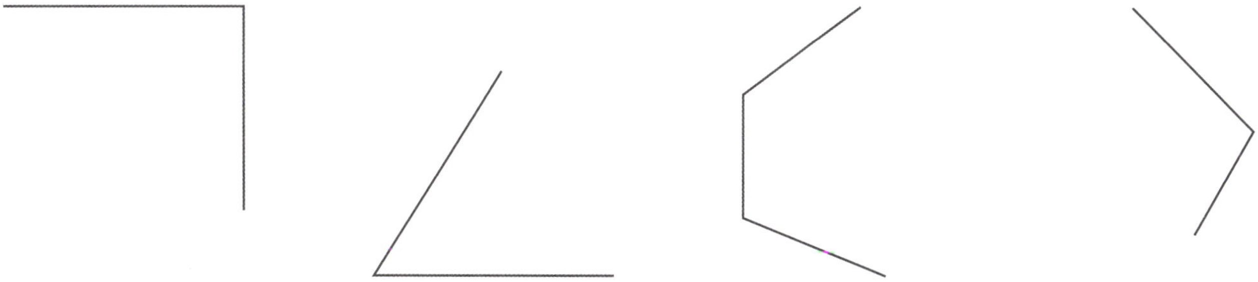

- Señala el polígono con más lados que has dibujado.
- ¿Tiene el mismo número de lados que de vértices? ______

4 ¿El círculo es un polígono? ¿Por qué?

______

______

5 Irene está contando los pasos que mide el arenero. ¿Cuánto pasos miden sus lados? ¿Sabes cuál es su perímetro?

El perímetro es ...... + ... + ... + ... = ... pasos.

6 Dibuja un polígono e intercámbialo con tu compañero. Anota el número de lados y vértices que tiene, mide su perímetro con la regla y anótalo.

Aprendo a resolver problemas

1 Lee el enunciado e inventa una pregunta que se pueda resolver.

- La familia de Mauro lleva tres bolsas al salir del supermercado. Una pesa 12 kg, otra, 8 kg, y la tercera, 13 kg.

- Mónica guarda tapones de plástico para reciclar. Tiene 124 azules y 170 blancos.

- Un camión transporta 100 kg de piedras. Ya ha descargado 56 kg para una obra.

2 Lee, inventa la pregunta y resuelve.

- En una frutería tenían 80 kg de naranjas a las 10 de la mañana. A las 8 de la noche les quedan 13 kg.

Tenían

Tienen

▶

Resuelvo problemas

1. Berta y Quique quieren comprar un reloj de 75 € para su madre. Berta pone 46 €. ¿Cuántos euros tiene que poner Quique?

Precio del reloj: ....

Berta pone: ....

▶

2. Un ascensor puede soportar 300 kg de peso. Ya se ha subido una pareja que pesa 165 kg. ¿Podrá subir otra pareja que pesa 142 kg entre los dos?

1ª pareja: ....

2ª pareja: ....

.... ◯ 300

▶

3. El aeropuerto ha recibido 867 vuelos en diciembre y 576 en enero. ¿Cuántos vuelos más recibió en diciembre?

Vuelos en diciembre: ....

Vuelos en enero: ....

▶

Repaso

1 Escribe cómo se lee el anterior de cada número.

900 → ....

601 → ....

560 → ....

2 ¿Qué número representan los puntos en cada caso?

● → ....

● → ....

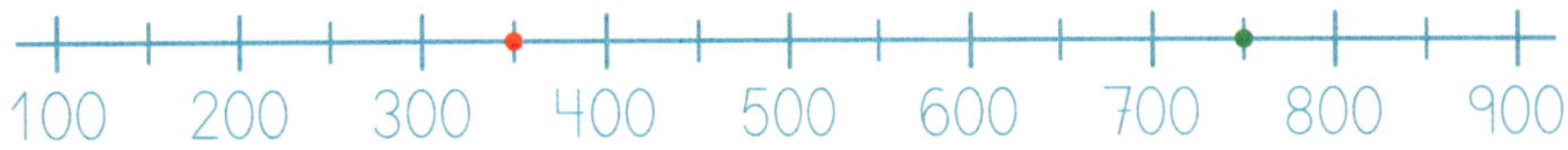

● → ....

● → ....

3 Completa con <, = o >.

2 D + 4 U ◯ 10 + 10 + 4

8 D + 6 U ◯ 127

38 + 10 ◯ 4 D y 5 U

900 − 200 ◯ 7 C

4 Resuelve estas restas y haz la prueba.

$$\begin{array}{r} 927 \\ -\ 314 \\ \hline \end{array}$$

$$\begin{array}{r} 571 \\ -\ 39 \\ \hline \end{array}$$

5 Rodea la balanza que está correctamente equilibrada.

1 kilo

medio kilo

cuarto de kilo

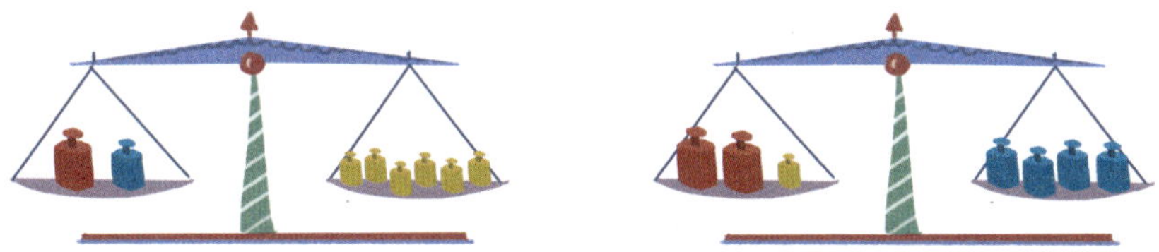

6 Colorea el polígono, señala los lados y los vértices y contesta.

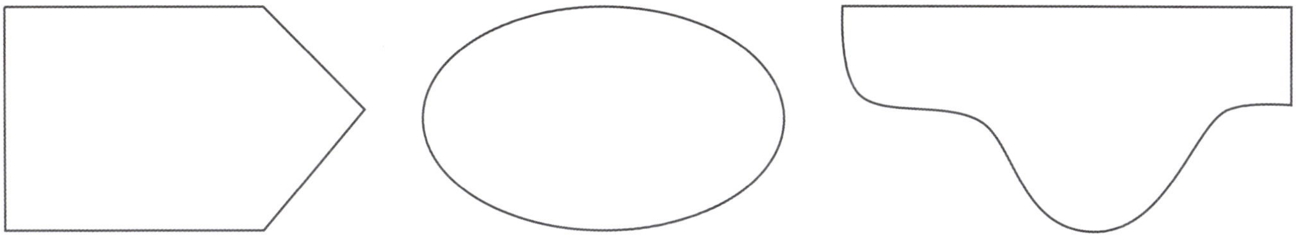

- ¿Cuántos lados tiene? ....
- ¿Cuántos vértices tiene? ....

Cálculo mental

A la caza del 10

28 + 6

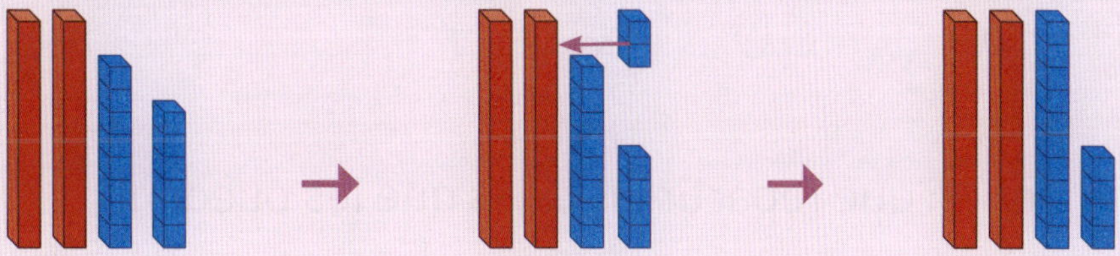

28 + 6 → 30 + 4 → 34

- Ahora hazlo tú.

45 + 7 = ...   44 + 9 = ...   15 + 6 = ...

63 + 8 = ...   68 + 4 = ...   37 + 7 = ...

Ponte a prueba

Alicia y su padre están organizando la estantería del garaje. Saben que en cada balda no puede haber más de 100 kg.

- ¿Qué caja pueden poner en la balda de abajo? Rodea.

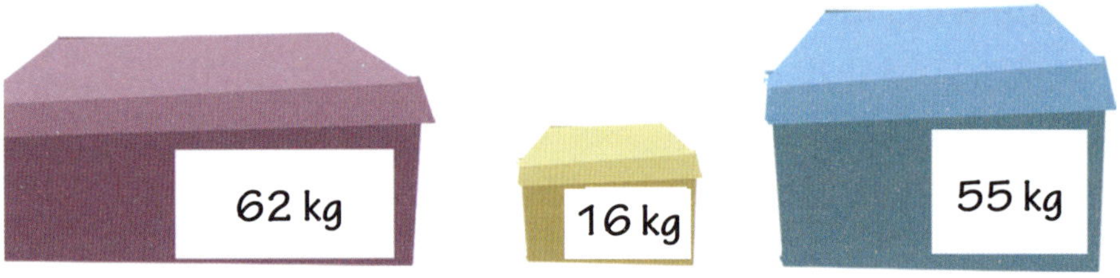

- ¿Cuánto peso habrá en esa balda?

Una caja de .... kg.

Una caja de .... kg.

▶

- ¿Puede soportar más peso? ¿Cuántos kilos?

▶

- ¿Cómo tienen que repartir las cajas que les quedan?

En la balda de en medio hay que poner la caja de .... kg.

En la balda de arriba hay que poner la caja de .... kg.

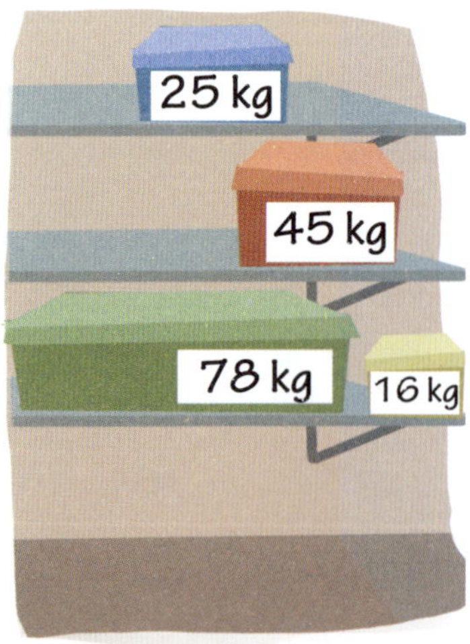

Tarea final
El test

Gracias al día en bicicleta, Irene convence a sus amigos de que todos podemos colaborar en reducir la contaminación. Y tú, ¿proteges el planeta?

PASO 1 Consigue puntos y averigua si colaboras en NO contaminar. Comienzas con 270 puntos. Si aciertas suma 125 puntos, si fallas réstalos. Usa tu cuaderno.

- Marca con ✓ los transportes que no contaminan y con ✗ los que sí.

☐ ☐ ☐ ☐

Llevo .... puntos.

- ¿Tiras cada residuo a su contenedor? Une y comprueba tus puntos.

En total he conseguido .... puntos.

PASO 2 Observa la tabla. Colorea según tus puntos.

Más de 500 puntos	Entre 200 y 300 puntos	Menos de 50 puntos
Gracias a ti, nuestro planeta es mejor.	Aún puedes hacer más cosas por tu planeta.	Si no cambias, nuestro planeta sufrirá.

PASO 3 Dibujad entre toda la clase una tabla que recoja las puntuaciones de todos los alumnos y escribid una norma que ayude a no contaminar el aire.

6 Cerca de ciento cuarenta

Hablamos y descubrimos

Irene y sus amigos están en una fiesta de disfraces. Juegan a ver quién lanza una pelota más cerca de 150. Por ahora, gana Arturo, que va vestido de forzudo y ha llegado hasta 108. Cuando lanza Irene con su disfraz de esqueleto, sus amigos se sorprenden.

—Pensé que al ser menos fuerte, no podrías superarme —le dice Arturo impresionado—. ¡Has lanzado de muerte!

1. ¿Qué hacen Irene y sus amigos? ¿Por qué se sorprenden?
2. ¿Hasta qué número crees que lanza Irene la pelota? ....
3. Dibuja una banderita triangular con los lados desiguales en la guirnalda.
4. Observa la imagen. ¿En qué recipiente hay más líquido?

¡Qué importante es... no dejarse llevar por las apariencias!

¿Te ha pasado alguna vez lo mismo que a Arturo? Explica qué sucedió.

Tarea final

Al acabar la unidad haréis dibujos que parecen engañar a la vista.

Aprendo los números Redondear números de 3 cifras

Irene no es de las más fuertes de su clase, sin embargo, es de las que más lejos tira la pelota. ¿Hasta dónde llega aproximadamente?

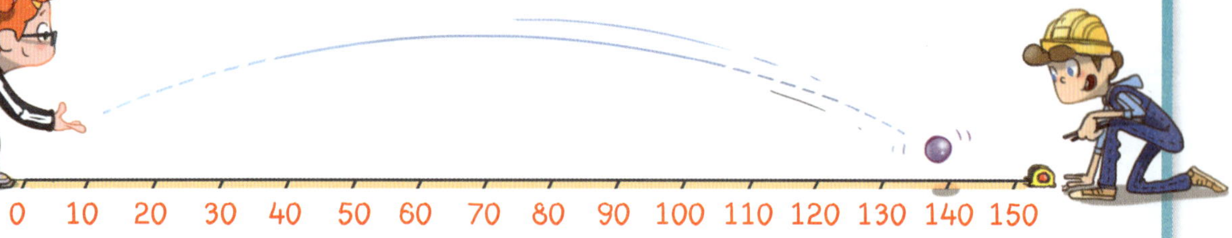

La pelota ha caído en el 142.

Si redondeamos a la centena:

- El número 142 está entre 100 y 200.
- Está más cerca del número 100.

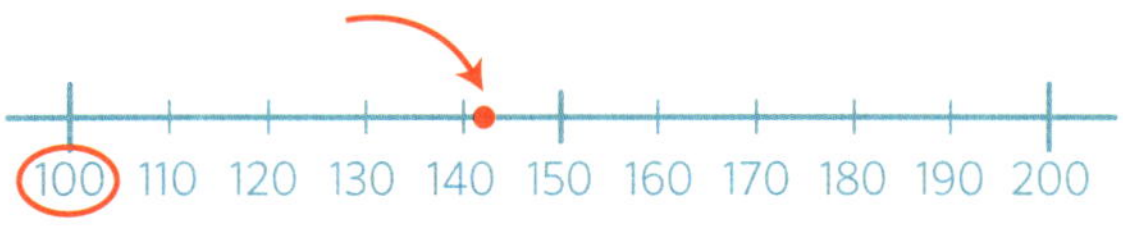

▶ 142 redondeado a la centena es 100.

Si redondeamos a la decena:

- El número 142 está entre 140 y 150.
- Está más cerca del número 140.

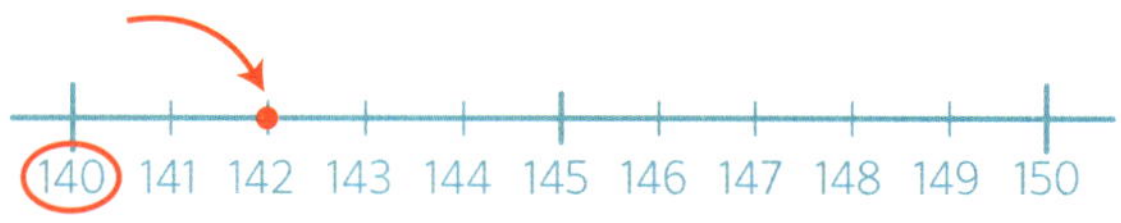

▶ 142 redondeado a la decena es 140.

1 ¿Entre qué dos centenas están estos números? Completa y colorea a la que más se aproxima.

691 → 600 | 700

El 691 redondeado a la centena es ....

124 → .... | ....

El .... redondeado a la centena es ....

468 → .... | ....

El .... redondeado a la centena es ....

2 Redondea estos números a la decena.

- 127 está entre 120 y 130. Se aproxima a ……… .
- 576 está entre ……… y ……… . Se aproxima a ……… .
- 444 está entre ……… y ……… . Se aproxima a ……… .

3 Lee la pregunta que se hace Irene. Después completa.

- El número 750 está entre 700 y 800.
  Redondeado a la centena es 800.
- El número 150 está entre ……… y ……… .
  Redondeado a la centena es ……… .

- El número 455 está entre 450 y 460.
  Redondeado a la decena es 460.
- El número 885 está entre ……… y ……… .
  Redondeado a la decena es ……… .

4 Redondea a las decenas cada sumando y resuelve.

481 + 124

137 + 649

Resuelvo operaciones Restas con 2 llevadas

Irene está muy concentrada. Esta resta hay que prepararla más.

Para poder restar 700 – 124:

1. Comparamos cada cifra del minuendo con cada cifra del sustraendo.

A 7 C sí le podemos quitar 1 C

A 0 D no le podemos quitar 2 D

A 0 U no le podemos quitar 4 U

$$\begin{array}{r} 7\ 0\ 0 \\ -\ 1\ 2\ 4 \\ \hline \end{array}$$

2. Hacemos los cambios necesarios para poder restar.

Transformamos 1 de las centenas en 10 decenas.

Transformamos 1 de las decenas en 10 unidades.

$$\begin{array}{r} \overset{6}{\cancel{7}}\ {}^{1}0\ 0 \\ -\ 1\ 2\ 4 \\ \hline \end{array} \rightarrow \begin{array}{r} \overset{6}{\cancel{7}}\ \overset{9}{\cancel{{}^{1}0}}\ {}^{1}0 \\ -\ 1\ 2\ 4 \\ \hline \end{array}$$

3. Restamos.

$$\begin{array}{r} \overset{6}{\cancel{7}}\ \overset{9}{\cancel{{}^{1}0}}\ {}^{1}0 \\ -\ 1\ 2\ 4 \\ \hline 5\ 7\ 6 \end{array}$$

1 Resuelve la resta tachando bloques.

223 – 114

223 – 114 = ...

2 Prepara las restas y resuélvelas.

$$\begin{array}{r} 312 \\ -\ \ 46 \\ \hline \end{array} \qquad \begin{array}{r} 526 \\ -\ \ 69 \\ \hline \end{array} \qquad \begin{array}{r} 901 \\ -108 \\ \hline \end{array} \qquad \begin{array}{r} 600 \\ -199 \\ \hline \end{array}$$

3 Observa y responde.

- ¿Cuántos cromos hay? ....
- Si quieres regalar a un amigo 157 cromos, ¿cuántas cajas tienes que abrir? ¿Y cuántos sobres? Explica.

- Escríbelo en forma de resta y resuelve.
- Ahora haz la prueba para comprobar que está bien hecha.

4 Fíjate en el ejemplo y descompón los números de 3 formas diferentes.

625		
6 C	2 D	5 U
5 C	12 D	5 U
4 C	22 D	5 U

Mido Litro, medio litro y cuarto de litro

A la fiesta han llevado un zumo natural muy rico. ¿Cuánto zumo hay?

Para medir la cantidad de líquido que cabe en un recipiente se utiliza el litro. Se escribe ℓ.

1 litro = 2 medios litros

1 litro = 4 cuartos de litro

▶ Hay un litro y medio de zumo.

1 ¿Dónde cabe más de un litro? Marca.

2 ¿Cuánta leche hay en cada caso?

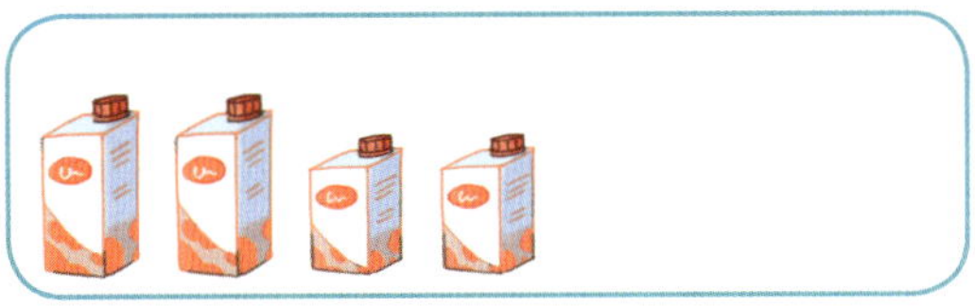

3 Observa y une según corresponde. Completa.

- Medio litro
- Un litro
- Tres cuartos de litro

Si bebo dos cuartos de litro, bebo ________ litro.

Si bebo cuatro cuartos de litro, bebo ________ litro.

4 Rodea la cantidad de agua que recomienda beber Irene.

5 Jaime echa 2 jarras de medio litro cada una en el barreño, y Lola echa 4 jarras de cuarto de litro. ¿Cuánta agua hay en el barreño?

En el barreño hay ________

6 Anota la cantidad de agua que bebe cada miembro de tu familia en un día y averigua cuánto bebéis entre todos.

Conozco las figuras Clasificación de triángulos

Después de la fiesta, Irene y sus amigos recogen los banderines. Todos son triángulos, pero son diferentes.

Los triángulos pueden ser:

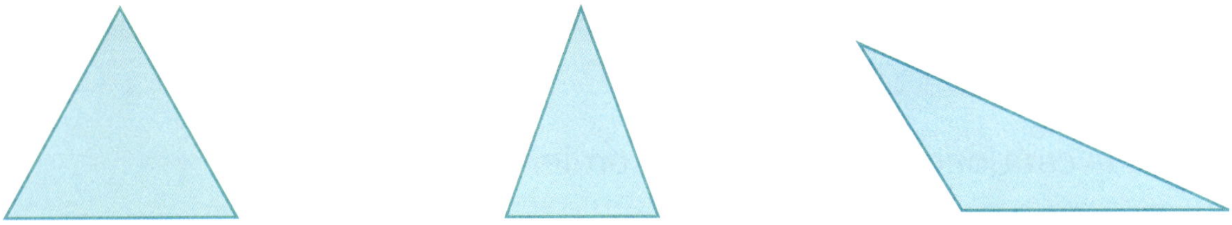

Equilátero Los 3 lados iguales	Isósceles 2 lados iguales	Escaleno Los 3 lados diferentes

1 Colorea según la clave: equilátero escaleno isósceles

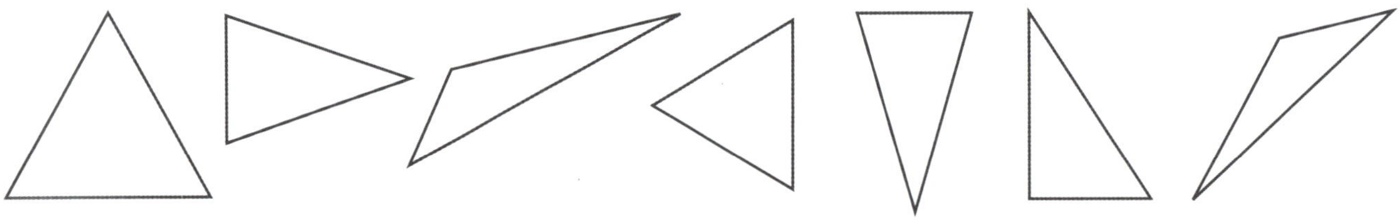

2 Usa tu regla y escribe el nombre de los triángulos.

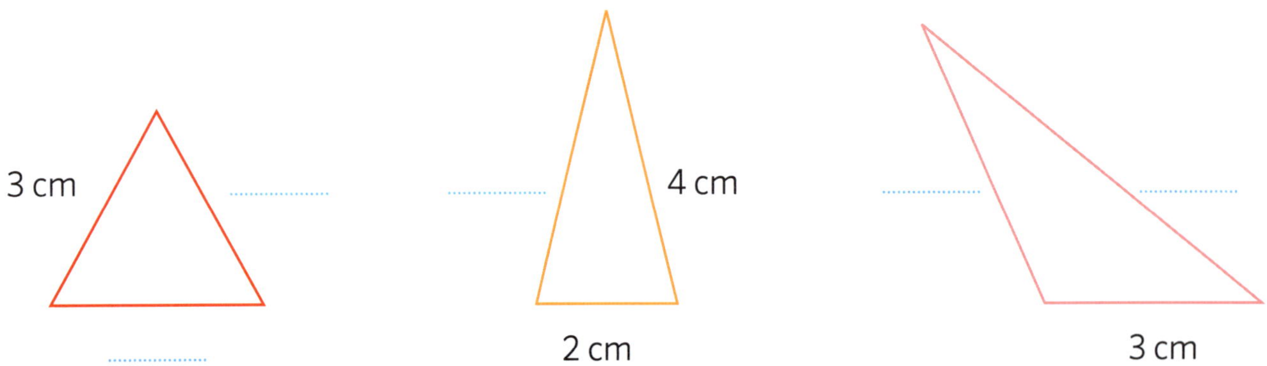

3 Completa la tabla con el número de lados que corresponde.

	Lados iguales	Lados diferentes
Equilátero	....	....
Isósceles	....	....
Escaleno	....	....

4 ¿Cuántos triángulos hay?

- Triángulos equiláteros: ....
- Triángulos isósceles: ....
- Triángulos escalenos: ....
- ¿Cuántos triángulos hay en total?

.... ◯ .... ◯ .... ◯ ....

5 Dibuja, con ayuda de tu regla, un triángulo de cada tipo, recórtalos y pégalos formando una composición en tu cuaderno.

Aprendo a resolver problemas

1 Lee el enunciado, localiza el dato que no es necesario y escríbelo.

- A las 10 de la mañana había 25 personas en el tren y ahora hay 52 ¿Cuántas personas han subido?

- Alberto tiene 15 discos y su hermana Marta, que tiene 18 años, tiene 26. ¿Cuántos discos tienen entre los dos?

- Una familia de 5 miembros ha comprado un televisor de 325 € y un microondas de 137 €. ¿Cuánto dinero han gastado?

2 Lee, tacha el dato que no necesites y resuelve.

- En un gimnasio hay 53 máquinas. Hay apuntados 125 socios por la mañana y 177 por la tarde. ¿Cuántos socios tiene en total?

Socios por la mañana: ....

Socios por la tarde: ....

Resuelvo problemas

1 Para llenar una piscina se necesitan 955 litros de agua. Ya han echado 356 litros. ¿Cuántos litros más hacen falta para llenarla?

Litros que caben: ....

Litros que hay: ....

2 En una huerta hoy han recogido 35 kg de naranjas, 27 kg de manzanas y 15 kg de peras ¿Cuántos kilos de fruta han recogido en total?

Kilos de naranjas: ....

Kilos de manzanas: ....

Kilos de peras: ....

3 Un kiosco vende 127 periódicos el sábado, y 178, el domingo. ¿Cuántos más vendió el domingo?

Periódicos que vende el sábado: ....

Periódicos que vende el domingo: ....

Repaso

1 Observa, piensa y responde.

- ¿Cuánto cuesta hoy el ordenador en cada tienda? Rodea la tienda en la que te interesa comprarlo.

- ¿Cuánto te ahorras?

2 Fíjate en el signo y resuelve.

		573	602
249	621	289	94
− 170	− 182	+ 131	+ 179

3 En este dibujo hay 2 triángulos escalenos, 1 equilátero y 1 isósceles ¿Los encuentras? Repasa según la clave.

Equilátero
Escaleno
Isósceles

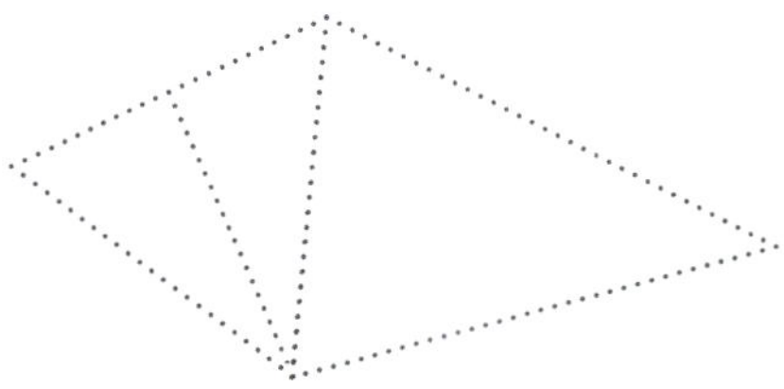

4 ¿Cuánto falta para que haya 6 litros de refresco?

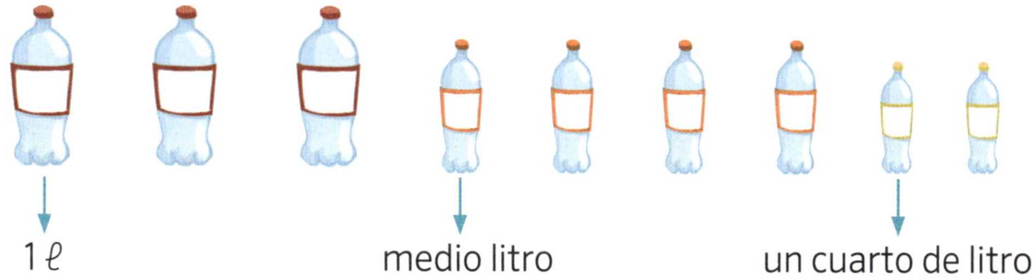

Falta ______________ litro para que haya 6 litros de refresco.

5 En la calculadora de Irene se ha roto el signo menos y no puede comprobar si ha hecho bien la resta. ¿Qué puede hacer?

Cálculo mental

Suma uno al nueve

19 + 37

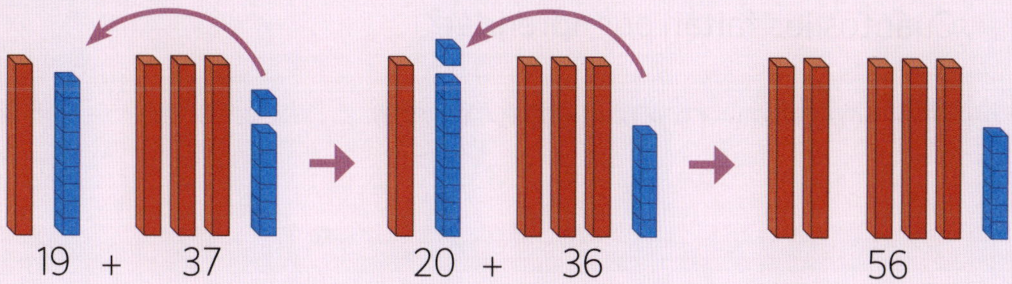

- Ahora hazlo tú.

19 + 24 = ... 29 + 36 = ...

44 + 19 = ... 25 + 59 = ...

Ponte a prueba

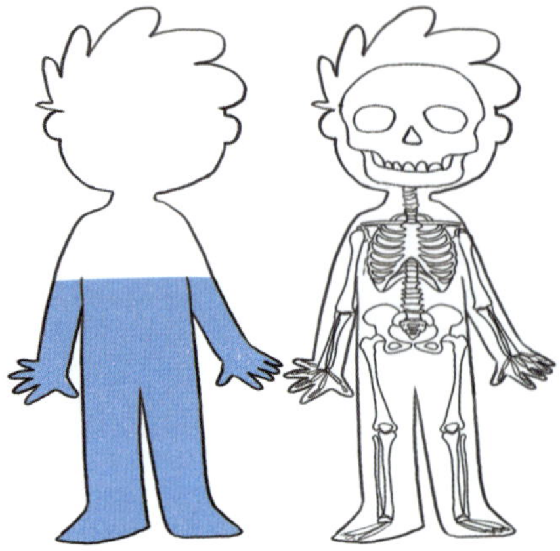

Catalina ha ido a dar una charla a la clase de su hijo, Raúl. Ella es médica y les ha contado que en nuestro cuerpo hay ¡206 huesos! También les ha dicho que en nuestro cuerpo hay mucha agua, más de la que se imaginan y que para estar sanos deben beber 2 litros diarios.

- Observa la tabla y contesta.

Raúl	Javi	Elena	Eduardo	Catalina
26 kg	32 kg	18 kg	45 kg	63 kg
17 litros	20 litros	12 litros	29 litros	41 litros

¿Quién pesa más y tiene más cantidad de agua en su cuerpo?

¿Y quién pesa menos y tiene menos cantidad de agua?

¿Cuántos litros más de agua tiene Catalina qué Raúl en su cuerpo?

- Raúl ha hecho una lista con sus amigos para ver cuántos nombres de huesos se saben. Entre todos han escrito 16 nombres.
¿Cuántos les faltan por aprender?

Les faltan por aprender

- Cuenta los nombres de huesos que sabes tú, ¿son más o menos que los que saben Raúl y sus amigos?

Tarea final

Dibujos escondidos

Irene llevó a la fiesta un dibujo, pero sus amigos creen que no está bien… Lo que no saben es que sus animales están escondidos y solo aparecen al colorear y es que… ¡las apariencias engañan! ¿Quieres comprobarlo?

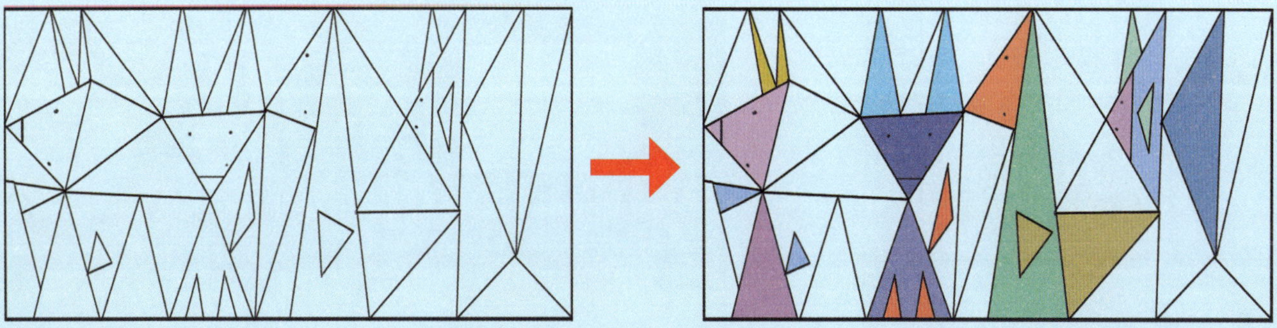

PASO **1** Haced un dibujo formado solo por triángulos, después dibujad más para que vuestro dibujo misterioso quede escondido.

PASO **2** Cambiad vuestro dibujo con el compañero. ¿Eres capaz de encontrar sus dibujos escondidos? Colorea y decora los que encuentres.

PASO **3** Elige la figura que más te haya gustado de los que has encontrado.

- ¿Cuántos triángulos la forman? ....

PASO **4** Puntúa el dibujo. Hazlo así:

> *Por cada triángulo utilizado suma 100 puntos. Si ha utilizado alguna forma NO triangular resta 15 puntos. Escribe detrás de su dibujo la operación y su puntuación final.*

PASO **5** Felicita a tu compañero por su trabajo y regálale tu dibujo. Él también te regalará el suyo.

7 De excursión en pareja

Hablamos y descubrimos

Diego, el profesor, ha pedido que hagan parejas para subir al autobús, pero Irene, Aitor y Nora están juntos en la fila y no saben cómo emparejarse.

—He llegado la última, juntaos vosotros —dice Irene, aunque le pone triste quedarse sola.

—Tú no necesitas pareja, Irene —le anima Nora—. Eres tan buena amiga que vales por dos.

1. ¿Dónde va Irene? ¿Por qué se pone triste?

2. ¿Cuántos amigos más tendría que haber para que Irene no se quedara sola?

3. ¿Qué quiere decir la expresión *vales por dos*?

4. Observa. ¿Qué día es la excursión?

5. Repasa las formas de la canasta. ¿Cómo se llaman las figuras que has repasado?

¡Qué importante es... respetar el turno!

Irene respeta el turno en la fila ¿Qué pasa cuando alguien no lo hace?

Tarea final

Al acabar la unidad buscaréis las mejores formas de agruparos en clase.

Aprendo los números Pares e impares

¡Hoy es el día de la excursión! Diego les recuerda que en el autobús se tienen que sentar por parejas. Son 27 en clase, ¿tendrán todos pareja?

▶ Irene se ha quedado sin pareja porque 27 es un número impar.

¡Faltaba el profesor! Ahora todos tienen pareja porque 28 es un número par.

Los números impares acaban en 1, 3, 5, 7, 9. Los números pares acaban en 0, 2, 4, 6, 8.

1 Haz parejas y averigua si son pares o impares.

En esta clase son ______ porque he hecho parejas y no ha sobrado ninguno.

2 Colorea de  los números pares y de  los impares.

2	107	19	150	123	69	48	321	554	916

3 Fíjate en el ejemplo y completa.

- 395 es impar, si le sumo 1 se convierte en par → 396
- 198 es ____, si le sumo 1 se convierte en ____ → ......
- 900 es ____, si le resto 1 se convierte en ____ → ......
- 701 es ____, si le resto 1 se convierte en ____ → ......

4 ¿Qué número es? Sigue las pistas y escribe.

1. La cifra de las centenas es un número impar mayor que 7.

2. La cifra de las decenas es el mayor número par de una cifra.

3. La cifra de las unidades es el menor número par de una cifra.

Es el número ...... y se lee ____

____

5 Averigua los términos de la resta y resuelve.

Minuendo → Mayor número par de 3 cifras acabado en 0.

Sustraendo → Mayor número impar de 2 cifras.

Resuelvo operaciones La multiplicación

Irene e Ismael han ido esta mañana a ver los nuevos árboles del parque.
¿Cuántos han plantado?

3 + 3 = 6

2 veces 3 son 6

2 × 3 = 6

Factores Producto

2 + 2 + 2 = 6

3 veces 2 son 6

3 × 2 = 6

Factores Producto

▶ Han plantado 6 árboles.

Una suma de sumandos iguales se puede escribir como una multiplicación.

No importa en qué orden multipliques los factores, el producto será el mismo. Es la propiedad conmutativa.

1 Completa como en el ejemplo.

3

1 vez 3 son 3

1 × 3 = 3

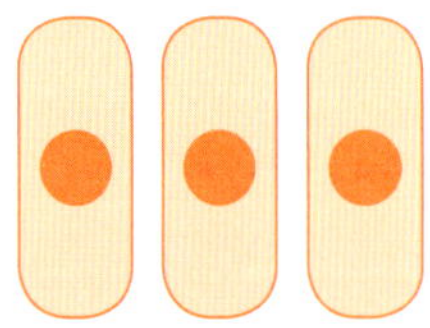

1 + 1 + 1 = 3

3 veces 1 son 3

3 × 1 = 3

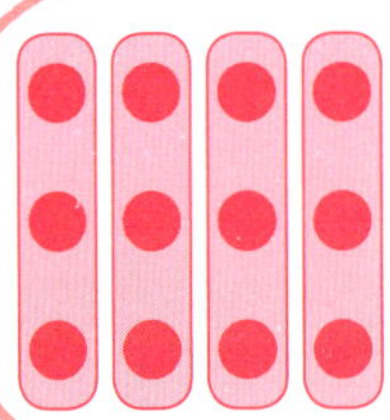

...... + ... + ... + ... = ...

...... veces ...... son ......

...... × ...... = ...

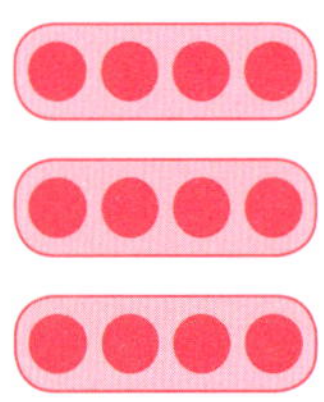

...... + ... + ... = ...

...... veces ...... son ......

...... × ...... = ...

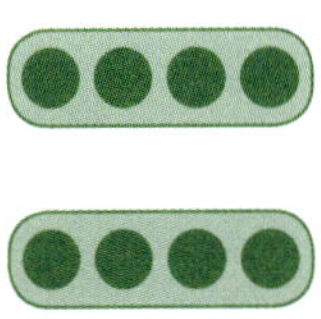

...... + ... = ...

...... veces ...... son ......

...... × ...... = ...

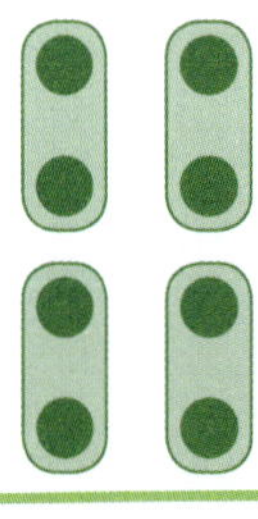

...... + ... + ... + ... = ...

...... veces ...... son ......

...... × ...... = ...

2 Continúa las series.

3 Expresa como suma y como multiplicación.

- Dibuja 3 uvas en cada plato.

Suma: ....

Multiplicación: ....

- Dibuja 4 globos en cada mano.

Suma: ....

Multiplicación: ....

4 Tacha las situaciones que NO se pueden expresar como multiplicación.

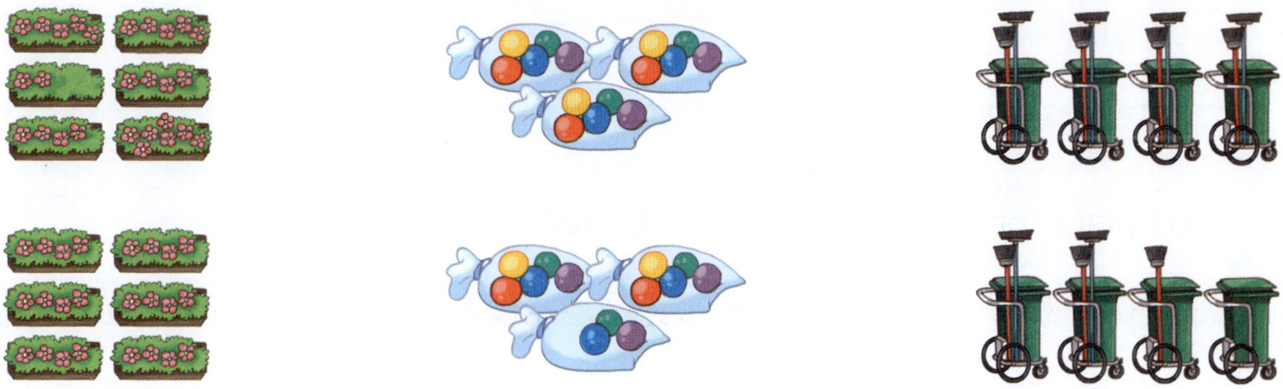

5 Copia la frase correcta.

- Todas las sumas se pueden escribir como multiplicación.
- Las sumas de sumandos iguales se pueden escribir como multiplicación.

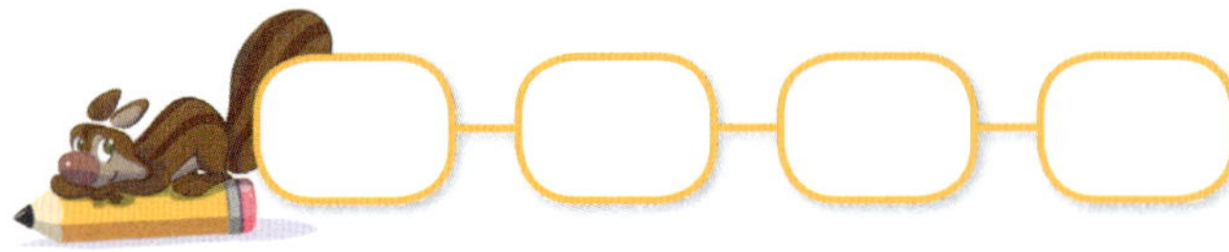

Resuelvo operaciones Tabla del 2

Se hace de noche y es hora de encender las farolas. Cada farola tiene 2 bombillas.

$2 \times 0 = 0$

$2 \times 1 = 2$

$2 \times 2 = 2 + 2 = 4$

$2 \times 3 = 2 + 2 + 2 = 6$

$2 \times 4 = 2 + 2 + 2 + 2 = 8$

$2 \times 5 = 2 + 2 + 2 + 2 + 2 = 10$

$2 \times 6 = 2 + 2 + 2 + 2 + 2 + 2 = 12$

$2 \times 7 = 2 + 2 + 2 + 2 + 2 + 2 + 2 = 14$

$2 \times 8 = 2 + 2 + 2 + 2 + 2 + 2 + 2 + 2 = 16$

$2 \times 9 = 2 + 2 + 2 + 2 + 2 + 2 + 2 + 2 + 2 = 18$

$2 \times 10 = 2 + 2 + 2 + 2 + 2 + 2 + 2 + 2 + 2 + 2 = 20$

¿Cuántas bombillas hay encendidas?

$2 + 2 + 2 = 2 \times 3 = 6$

Hay encendidas 6 bombillas.

1 Completa con la palabra *pares* o *impares*.

Todos los resultados de la tabla del 2 son números ____________

2 Entre estos números hay 2 intrusos, ¿los encuentras? Colorea.

16 8 10 2 5 14 18 19 12

3 Completa.

2 × 5 = ... 2 × 7 = ... 2 × 1 = ... 2 × 6 = ...

4 Escribe cada dibujo en forma de multiplicación y resuelve. Utiliza la tabla del 2.

.... × .... = ...

.... × .... = ...

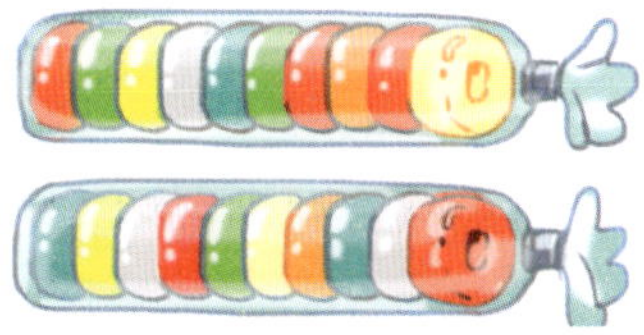

.... × .... = ...

5 Irene quiere agrupar de 2 en 2 todos estos clips de colores. Haz parejas y después completa.

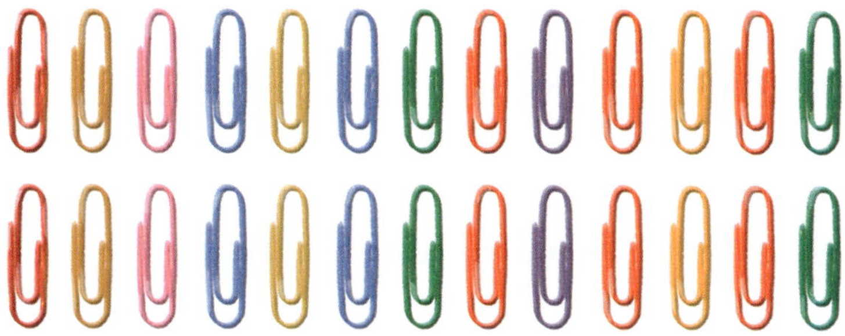

He podido hacer .... parejas de 2 clips.

En forma de multiplicación se escribe → .... × .... = ...

6 Transforma en una multiplicación.

Meter 0 lápices en cada uno de estos botes.

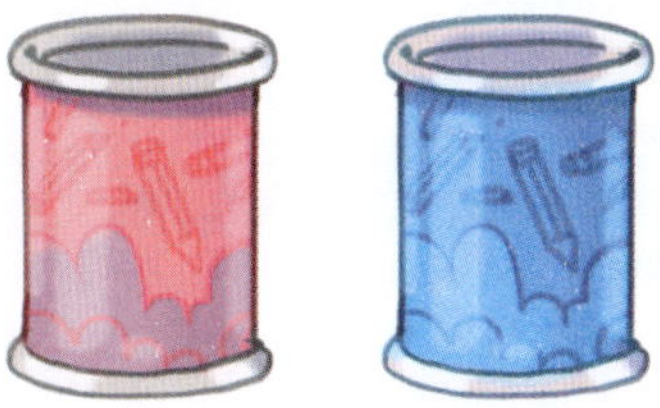

2 veces 0 → .... × .... = ...

7 Escribe el número que corresponde a cada símbolo.

2 × ■ = 16 ● × 6 = 12 2 × ✚ = 0 ▲ × 10 = 20

Mido El calendario

Al llegar al ayuntamiento Irene y Luis han visto un anuncio.

¿Cómo pueden saber en qué día de la semana es la función?

▶ Para saberlo pueden usar el calendario.

En el calendario podemos ver los días del año ordenados por meses y por semanas.

Un año tiene 12 meses y tiene 365 días.

1 Busca en el calendario el día 27 de marzo, rodéalo y completa.

ENERO

L	M	X	J	V	S	D
			1	2	3	4
5	6	7	8	9	10	11
12	13	14	15	16	17	18
19	20	21	22	23	24	25
26	27	28	29	30	31	

FEBRERO

L	M	X	J	V	S	D
						1
2	3	4	5	6	7	8
9	10	11	12	13	14	15
16	17	18	19	20	21	22
23	24	25	26	27	28	

MARZO

L	M	X	J	V	S	D
						1
2	3	4	5	6	7	8
9	10	11	12	13	14	15
16	17	18	19	20	21	22
23	24	25	26	27	28	29
30	31					

ABRIL

L	M	X	J	V	S	D
		1	2	3	4	5
6	7	8	9	10	11	12
13	14	15	16	17	18	19
20	21	22	23	24	25	26
27	28	29	30			

MAYO

L	M	X	J	V	S	D
				1	2	3
4	5	6	7	8	9	10
11	12	13	14	15	16	17
18	19	20	21	22	23	24
25	26	27	28	29	30	31

JUNIO

L	M	X	J	V	S	D
1	2	3	4	5	6	7
8	9	10	11	12	13	14
15	16	17	18	19	20	21
22	23	24	25	26	27	28
29	30					

JULIO

L	M	X	J	V	S	D
		1	2	3	4	5
6	7	8	9	10	11	12
13	14	15	16	17	18	19
20	21	22	23	24	25	26
27	28	29	30	31		

AGOSTO

L	M	X	J	V	S	D
					1	2
3	4	5	6	7	8	9
10	11	12	13	14	15	16
17	18	19	20	21	22	23
24	25	26	27	28	29	30
31						

SEPTIEMBRE

L	M	X	J	V	S	D
	1	2	3	4	5	6
7	8	9	10	11	12	13
14	15	16	17	18	19	20
21	22	23	24	25	26	27
28	29	30				

OCTUBRE

L	M	X	J	V	S	D
			1	2	3	4
5	6	7	8	9	10	11
12	13	14	15	16	17	18
19	20	21	22	23	24	25
26	27	28	29	30	31	

NOVIEMBRE

L	M	X	J	V	S	D
						1
2	3	4	5	6	7	8
9	10	11	12	13	14	15
16	17	18	19	20	21	22
23	24	25	26	27	28	29
30						

DICIEMBRE

L	M	X	J	V	S	D
	1	2	3	4	5	6
7	8	9	10	11	12	13
14	15	16	17	18	19	20
21	22	23	24	25	26	27
28	29	30	31			

El día 27 de marzo es ______________________

2 Escribe y contesta.

MESES DE 30 DÍAS

MESES DE 31 DÍAS

- ¿Qué mes no has escrito? ¿Por qué?

3 Completa la tabla.

2 meses antes		3 meses después
	junio	
	septiembre	
	marzo	
	agosto	
	noviembre	

4 Rodea en el calendario de la página anterior según el color de la clave.

El 30 de enero

El mes que tiene 28 días

El último viernes de abril

La segunda semana de junio

El primer fin de semana de octubre

El primer y el último día del año.

5 Escribe la fecha de tu cumpleaños y la de otros dos miembros de tu familia e indica en qué día de la semana caen este año.

Trabajo con datos El gráfico de barras

En la biblioteca municipal han colgado un gráfico indicando los tipos de libros que hay. ¿De cuáles hay más?

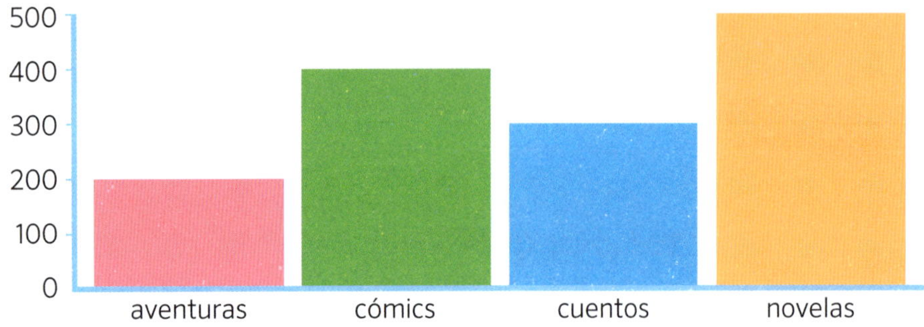

▶ Hay más novelas.

El gráfico de barras facilita la recogida de datos y los muestra de manera sencilla y ordenada.

1 Este gráfico refleja el número de personas que visitan el museo de la localidad en una semana. Observa y contesta.

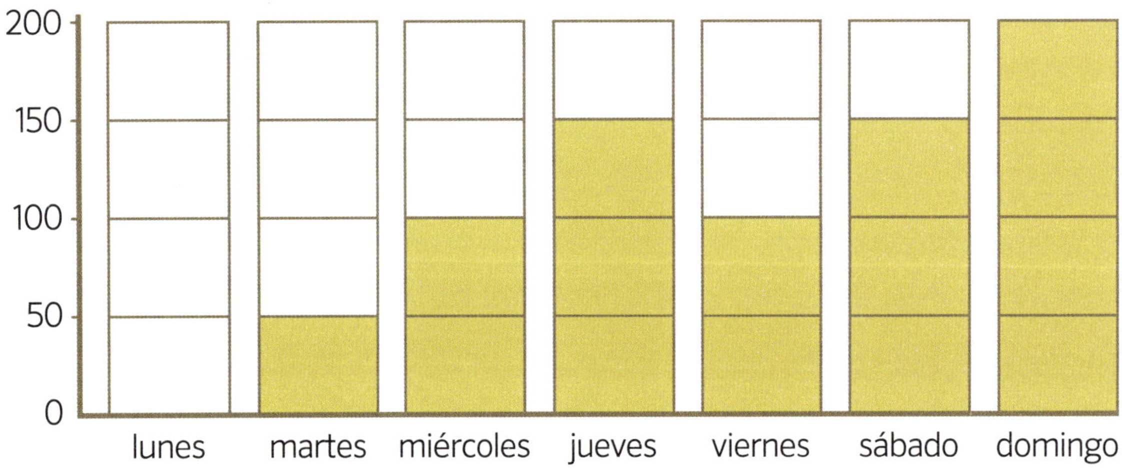

- ¿Cuántas personas visitan el museo el miércoles? ....
- ¿Hay algún día que cierre el museo? ¿Cuál?
- ¿Qué día recibe el museo más visitantes?
- ¿Cuántas personas van el jueves? ....
- ¿Qué día van menos personas?

2 Observa los datos que se han recogido sobre los elementos que hay en el parque y regístralos coloreando en el gráfico de barras.

- ¿Cuál es el elemento más abundante en el parque?
- Si el ayuntamiento coloca 7 bancos más, ¿habrá más bancos que farolas?

3 Cuenta las puertas, ventanas, grifos y cuadros que hay en tu casa y elabora tu propio gráfico de barras.

Conozco las figuras Los cuadriláteros

A la vuelta de la excursión, Irene ve por la ventana el nuevo hotel que han construido. ¡Es muy moderno! Está formado por muchos cuadriláteros.

Los cuadriláteros son polígonos que tienen 4 lados, 4 vértices y 4 ángulos.
El cuadrado y el rectángulo son cuadriláteros.

Cuadrado	Rectángulo
4 lados iguales 4 ángulos rectos	4 lados iguales 2 a 2 4 ángulos rectos

1 Colorea: cuadrados rectángulos

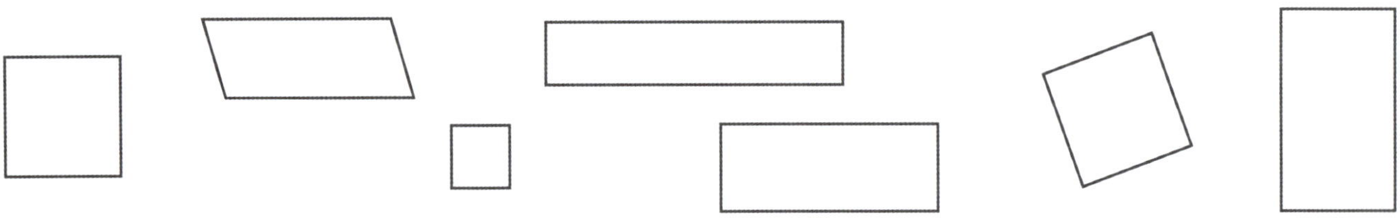

- ¿Has dejado alguno sin colorear? ☐ Sí ☐ No

2 Observa estas figuras y completa la tabla.

Número de lados	
¿Son todos iguales?	
Número de ángulos	
¿Son todos iguales?	
¿Es un cuadrado?	

Número de lados	
¿Son todos iguales?	
Número de ángulos	
¿Son todos iguales?	
¿Es un cuadrado?	

Resuelvo operaciones Repaso

1 Coloca en torre y realiza estas sumas.

19 + 813 | 275 + 36 + 114 | 8 + 198 + 44

2 Resuelve estas restas. Prepáralas si es necesario y ordena los resultados de menor a mayor.

$$\begin{array}{r} 975 \\ -\,243 \\ \hline \end{array} \qquad \begin{array}{r} 602 \\ -\,111 \\ \hline \end{array} \qquad \begin{array}{r} 710 \\ -\,298 \\ \hline \end{array} \qquad \begin{array}{r} 500 \\ -\,79 \\ \hline \end{array}$$

..... < ..... < ..... < .....

3 Descompón de varias formas. Compara la respuesta con tu compañero.

375	842	609
3 C + 7 D + 5 U		
2 C + 17 D + 5 U		
1 C + 27 D + 5 U		

4 Calcula mentalmente y completa con >, =, <.

10 + 25 ◯ 45 | 2 C + 4 U ◯ 24 U | 38 − 20 ◯ 18

2 × 3 ◯ 3 + 3 | 2 × 9 ◯ 16 + 2 | 2 × 10 ◯ 15 + 5

Aprendo a resolver problemas

1 Lee y rodea la operación correcta.

- En el campamento han hecho 2 grupos de 10 niños para realizar las actividades. ¿Cuántos niños han agrupado?

2 + 10   10 – 2   10 × 2

- Una familia gasta cada día 37 € en comida y 6 € en bebidas. ¿Cuánto gastan en total en un día?

37 + 6   37 + 37 + 37   37 – 6

- Del pueblo de Marta al pueblo de Berta hay 53 km. Del de Berta al pueblo de Marcos hay 17 km. ¿Cuántos kilómetros hay desde el pueblo de Marta al de Marcos?

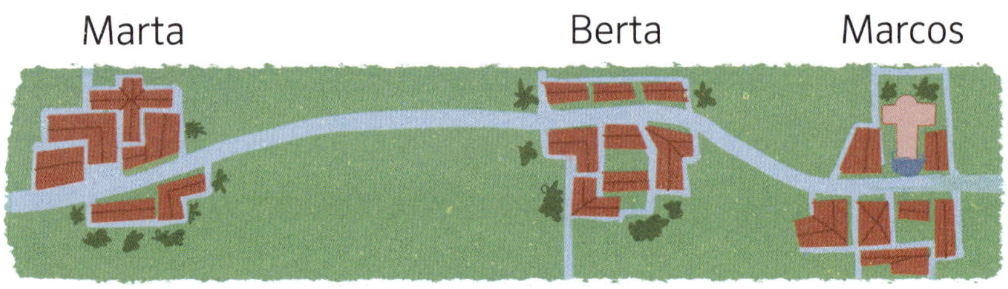

53 – 17   53 + 53 + 17   53 + 17

2 Lee, elige la operación correcta y resuelve.

- La médica del barrio atiende a 65 pacientes en el mes de febrero y 73 en el mes de marzo. ¿A cuántos pacientes atiende en estos dos meses?

65 × 2   65 + 73   73 – 65

Pacientes de febrero: ....

Pacientes de marzo: ....

Resuelvo problemas

1 Ángel tiene el mes de abril de vacaciones. Se va de viaje 16 días. ¿Cuántos días le quedan libres?

Días de vacaciones: ....

Días de viaje: ....

▶

2 En la fila del cine hay 7 parejas esperando para entrar. ¿Cuántas personas hay?

Personas por pareja: ....

Parejas: ....

.... ◯ .... = ...

▶

3 Enrique se va a leer un libro de 64 páginas. Lucía se va a leer otro que tiene 16 páginas más. ¿Cuántas páginas tiene el libro de Lucía?

Páginas del libro de Enrique: ....

Páginas de más de Lucía: ....

▶

Repaso

1 Sin contar los puntos, sigue las pistas en orden, rodea las respuestas correctas en cada caso y averigua cuántos hay.

1. Es un número de dos cifras, así que es mayor que 100 / menor que 100

2. Si agrupas los puntos de 2 en 2 no sobra ninguno, así que es un número par / impar.

3. El número tiene 5 decenas y es par, así que puede ser... 50 / 51 / 52 / 53 / 54 / 55 / 56 / 57 / 58 / 59

4. Es el número par más pequeño con 5 decenas... 50 / 52 / 54 / 56/ 58

Hay .... puntos.

2 Une cada multiplicación con su dibujo.

2 × 3 — 4 × 2 — 3 × 5 — 6 × 3

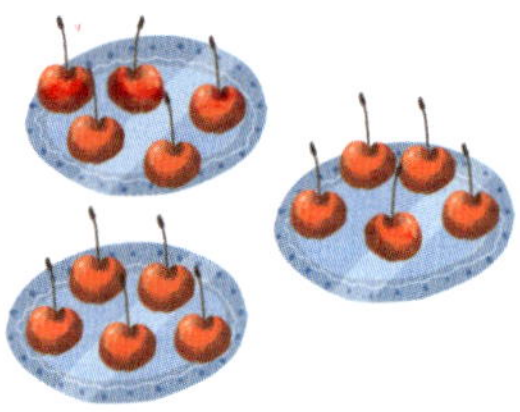

3 A estas hojas de calendario les falta el nombre del mes. ¿A qué meses corresponden si están ordenadas? Escribe el nombre.

L	M	X	J	V	S	D
1	2	3	4	5	6	7
8	9	10	11	12	13	14
15	16	17	18	19	20	21
22	23	24	25	26	27	28

L	M	X	J	V	S	D
1	2	3	4	5	6	7
8	9	10	11	12	13	14
15	16	17	18	19	20	21
22	23	24	25	26	27	28
29	30	31				

L	M	X	J	V	S	D
			1	2	3	4
5	6	7	8	9	10	11
12	13	14	15	16	17	18
19	20	21	22	23	24	25
26	27	28	29	30		

4 Irene ha representado en el gráfico algunos resultados de la tabla del 2. Completa los que faltan.

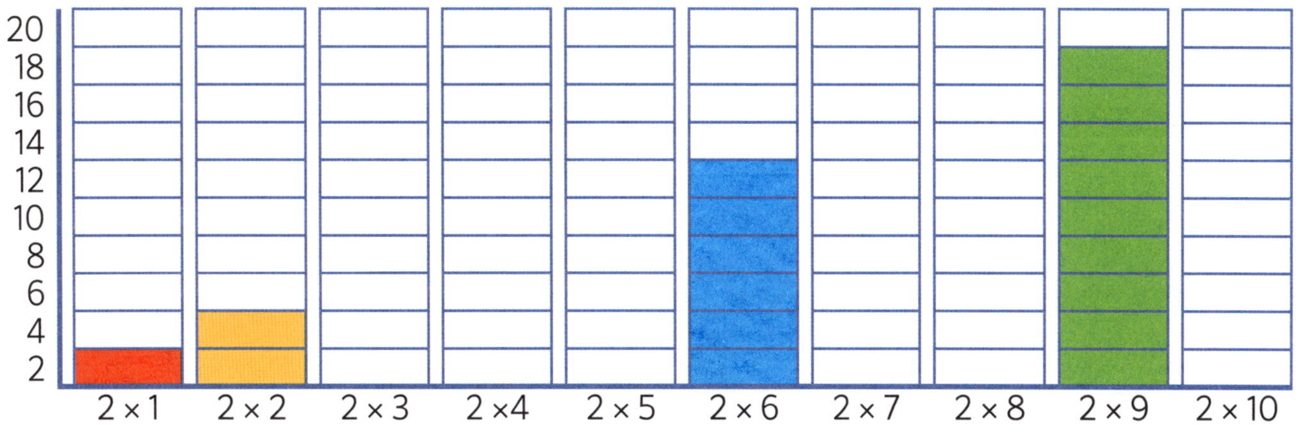

5 Explica cómo puedes resolver 2 x 7 con una calculadora en la que se ha estropeado la tecla "x".

Cálculo mental

Completar decenas

18 + 45

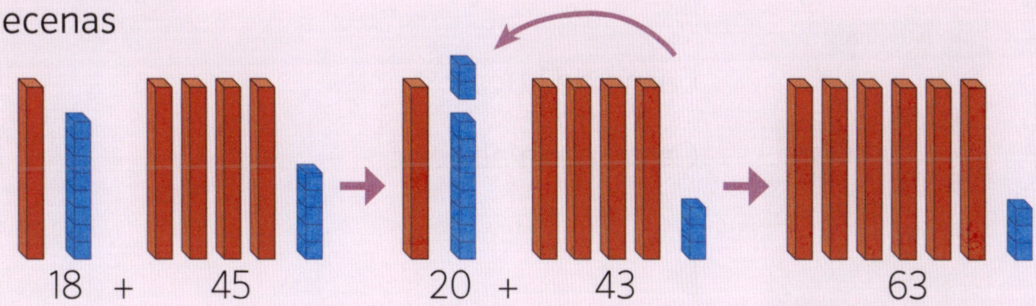

- Ahora hazlo tú.

69 + 25 = ... 48 + 34 = ... 38 + 46 = ...

57 + 15 = ... 37 + 29 = ... 23 + 18 = ...

Ponte a prueba

Lucas ha salido a dar un paseo por la ciudad, quiere conocer la nueva biblioteca municipal. Al llegar ve que está cerrada. En la puerta lee este cartel.

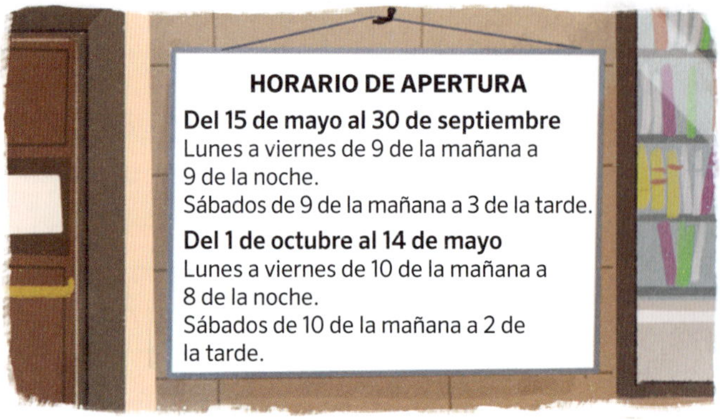

- Son las 11 de la mañana. ¿Qué día de la semana es?

- Si mañana es lunes, 7 de marzo, ¿cuál será el horario de apertura?

- A la abuela de Lucas le encantan los libros. Vendrá a visitarlos en el mes de julio. Escribe una hora en la que podrá llevarla a conocer la nueva biblioteca.

- Hacerse el carné cuesta 3 €. ¿Cuánto costará el carné de la abuela y el de Lucas?

Carné de Lucas: ....

Carné de la abuela: ....

.... ◯ .... = ...

▶

- La casa de Lucas está en la misma calle que la biblioteca, en el número 24 su casa y la biblioteca en el 63. ¿Estarán en la misma acera? ¿Por qué?

Tarea final

De dos y de tres

Irene y sus compañeros van de excursión ordenados con su pareja y respetan su turno para subir al autobús. ¿Sabéis de cuántas maneras os podéis colocar vosotros en clase?

PASO 1

- ¿Cuántos sois en clase? ....
- ¿Sois un número par o impar? ____________
- Si sois un número impar también jugará el profesor.

  ¡Así seréis pares! ¿Jugará el profesor? ________

PASO 2 Agrupaos de 2 en 2. ¡Cada uno con una pareja! Sois pares así que no debe haber sobrado ninguno.

- Expresa ese agrupamiento como:

  Suma → ....

  ....

  Multiplicación → ....

PASO 3 Ahora agrupaos de 3 en 3. ¡Formad tríos! ¿Habéis podido?

- ☐ Sí, lo hemos conseguido.
- ☐ No, no lo hemos conseguido, nos faltaron .... personas más.

PASO 4 Explica de qué modo crees que es más seguro agruparse para salir de excursión y por qué es importante ir de manera ordenada. Léeselo a tus compañeros.

____

____

8 La primera en descanso

Hablamos y descubrimos

Anoche, Irene se fue temprano a la cama. Quería estar descansada para participar hoy en las olimpiadas escolares. Ha dormido tantas horas, que se siente en plena forma y con muchas ganas de divertirse.

— No sé si quedaré la primera en esta carrera — piensa Irene mientras corre—. Sin embargo, estoy segura de que ya he ganado en salud.

1. ¿Dónde está Irene? ¿En qué competición participa?
2. ¿Qué quiere decir que *ya ha ganado en salud*?
3. ¿Cuánto tiempo crees que ha podido dormir Irene para estar tan descansada?
4. ¿En qué posición tiene que acabar Irene para subir al podio?
5. Observa las dianas y los aros. ¿En qué se diferencian?

¡Qué importante es... dormir lo necesario!

Si Irene no hubiera dormido lo necesario, ¿cómo crees que se sentiría?

Tarea final

Al acabar la unidad practicaréis vuestra puntería en la diana.

Aprendo los números Los números ordinales

¡Irene ha dormido como un lirón! Tiene mucha energía para divertirse en la carrera de hoy. ¿En qué posición va Irene en este momento?

1º. → primero
2º. → segundo
3º. → tercero
4º. → cuarto
5º. → quinto
6º. → sexto
7º. → séptimo
8º. → octavo
9º. → noveno
10º. → décimo
11º. → undécimo
12º. → duodécimo
13º. → décimo tercero
14º. → décimo cuarto
15º. → décimo quinto
16º. → décimo sexto
17º. → décimo séptimo
18º. → décimo octavo
19º. → décimo noveno
20º. → vigésimo

▶ Irene va en la duodécima posición.

Utilizamos los números ordinales para ordenar.

1 Observa la carrera y contesta.

- ¿En qué posición va Nora?

- Si Irene adelanta a Ismael, ¿en qué posición irá?

- ¿Quién va entre el décimo cuarto y décimo sexto lugar?

2 Piensa y une.

- Si el séptimo adelanta a dos compañeros se pone...
- Si el décimo cuarto adelanta a tres se pone...
- Si el vigésimo adelanta a seis se pone ...
- Si el décimo séptimo pierde dos posiciones se pone ...

- décimo cuarto.
- quinto.
- undécimo.
- décimo noveno.

3 Si hubiera participado un niño más en la carrera y acabara el último, ¿cuál crees que sería su posición? Investiga y colorea.

vigésimo uno | vigésimo primero | unvigésimo | veintiuno

4 Averigua el día en que se disputó la carrera.

La carrera se disputó

el .... de ______________

5 Cuando estaba acabando la carrera, Irene comenzó a adelantar a unos y otros hasta que adelantó al segundo. ¿En qué posición acabó Irene?

Irene quedó en ______________

Resuelvo operaciones Doble y triple. Tabla del 3

Juan solo toma 2 vasos de agua al día. Irene toma el doble, y Nora, el triple que Juan. ¿Cuántos vasos de agua toman cada una?

$2 \times 2 = 4$

$3 \times 2 = 6$

Para calcular el doble multiplica por 2.

▶ Irene toma 4 vasos de agua.

Tabla del 2 → dobles

$2 \times 0 = 0$ → Doble de 0 es 0.
$2 \times 1 = 2$ → Doble de 1 es 2.
$2 \times 2 = 4$ → Doble de 2 es 4.
$2 \times 3 = 6$ → Doble de 3 es 6.
$2 \times 4 = 8$ → Doble de 4 es 8.
$2 \times 5 = 10$ → Doble de 5 es 10.
$2 \times 6 = 12$ → Doble de 6 es 12.
$2 \times 7 = 14$ → Doble de 7 es 14.
$2 \times 8 = 16$ → Doble de 8 es 16.
$2 \times 9 = 18$ → Doble de 9 es 18.
$2 \times 10 = 20$ → Doble de 10 es 20.

Para calcular el triple multiplica por 3.

▶ Nora toma 6 vasos de agua.

Tabla del 3 → triples

$3 \times 0 = 0$ → Triple de 0 es 0.
$3 \times 1 = 3$ → Triple de 1 es 3.
$3 \times 2 = 6$ → Triple de 2 es 6.
$3 \times 3 = 9$ → Triple de 3 es 9.
$3 \times 4 = 12$ → Triple de 4 es 12.
$3 \times 5 = 15$ → Triple de 5 es 15.
$3 \times 6 = 18$ → Triple de 6 es 18.
$3 \times 7 = 21$ → Triple de 7 es 21.
$3 \times 8 = 24$ → Triple de 8 es 24.
$3 \times 9 = 27$ → Triple de 9 es 27.
$3 \times 10 = 30$ → Triple de 10 es 30.

1 Observa la puntuación de la diana y completa.

	Tirada	Puntuación
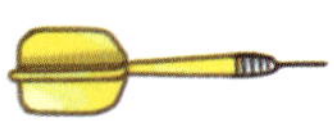	2×7	14

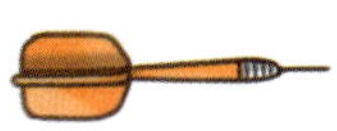		

: puntúa el doble

: puntúa el triple

Resuelvo operaciones Tabla del 6

¿Te has fijado que muchos de los resultados de la tabla del 6 están en la tabla del 2, en la del 3 e incluso en las dos?

Tabla del 6

6 × 0 = 0
6 × 1 = 6
6 × 2 = 12
6 × 3 = 18
6 × 4 = 24
6 × 5 = 30
6 × 6 = 36
6 × 7 = 42
6 × 8 = 48
6 × 9 = 54
6 × 10 = 60

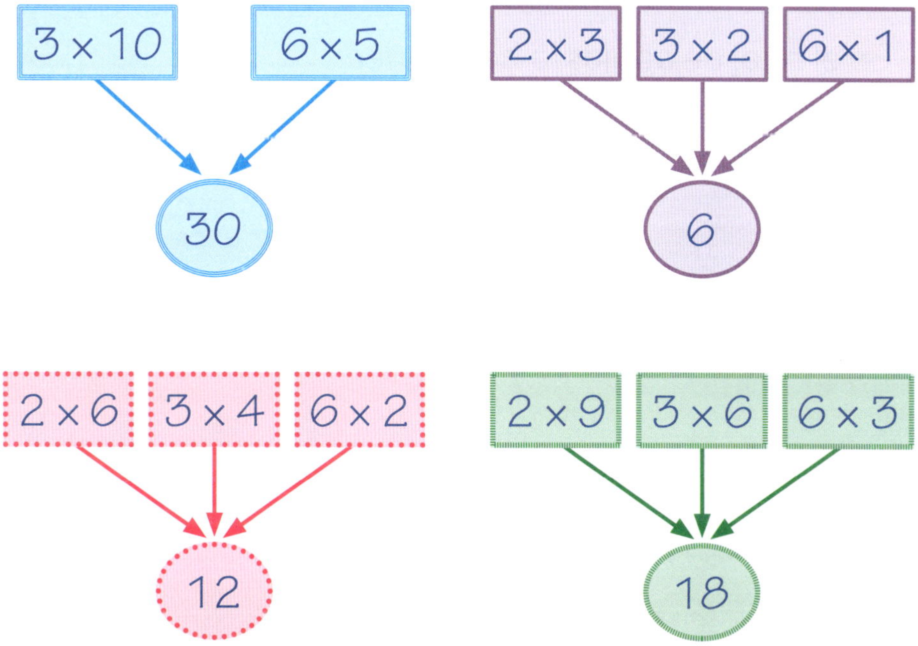

1 Observa el ejemplo, después transfor ma el dibujo en multiplicación.

.... veces .... → .... × .... = ...

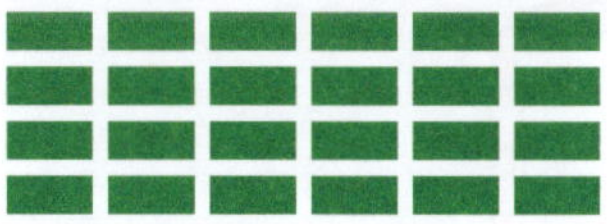

.... veces .... → .... × .... = ...

2 Colorea del mismo color la multiplicación y su resultado.

6 × 5	3 × 8	2 × 5	6 × 7	3 × 3
24	10	9	30	42

3 Inventa un problema cuya solución sea que Pablo tiene 9 años y utilices la palabra triple.

Mido El reloj

Irene tiene cita en el médico a las 7 y cuarto. ¿Llega pronto o tarde?

En el reloj de agujas la hora se lee:

7 en punto

7 y cuarto

7 y media

8 menos cuarto

Un cuarto de hora son 15 minutos.

▶ Irene llega pronto.

1 ¿Qué hora es? Observa la aguja pequeña y la grande y escribe.

2 Averigua y completa.

- Un cuarto de hora son .... minutos.
- .... cuartos de hora es media hora.
- Media hora son .... minutos.

3 Dibuja la aguja que falta en cada reloj.

Las 5 y cuarto

Las 3 y media

Las 4 menos cuarto

Las 8 en punto

Las 11 y cuarto

Las seis y media

4 Carlos empezó a merendar a las 5 de la tarde. Si tardó un cuarto de hora en merendar, ¿a qué hora acabó? Rodea.

5 El médico de Irene pasa consulta desde las 3 en punto hasta las 8 y media. ¿Cuánto tiempo trabaja?

El médico trabaja ______________________

6 Dibuja un reloj que marque las 4 en punto. Luego dibuja relojes que marquen estas horas.

- Cinco horas después.
- Tres horas y cuarto después.
- Una hora y media antes.
- Dos horas y cuarto antes.

Conozco las figuras Círculo y circunferencia

A todos los participantes de la carrera les han dado una medalla. Están muy orgullosos de haberla conseguido. ¿Qué forma tiene?

▶ La medalla tiene forma de círculo.

Irene hace un dibujo de su medalla para mandárselo a su amiga. La apoya en su cuaderno y traza su contorno. El resultado es una circunferencia.

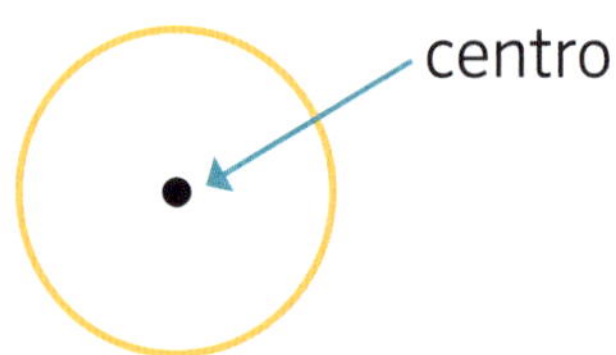

La circunferencia es una línea curva cerrada. Todos sus puntos tienen la misma distancia del centro.

El círculo es la circunferencia y su interior.

1 Repasa las circunferencias con diferentes colores.

2 ¿Qué alimentos tienen forma de círculo? Señala.

 ☐

 ☐

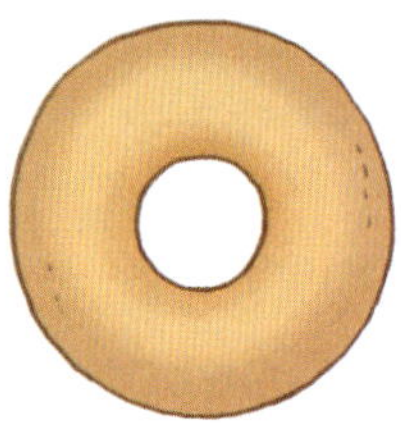 ☐

 ☐

3 Relaciona.

4 Colorea el interior de esta circunferencia y completa.

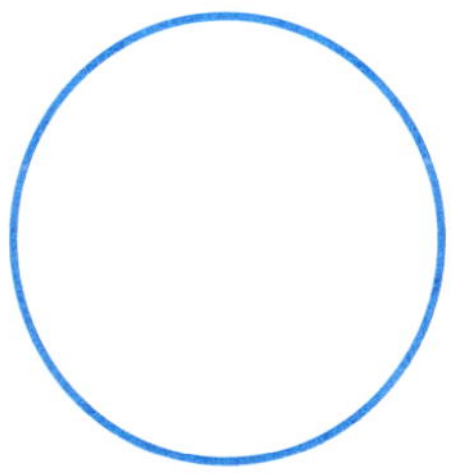

La circunferencia es el borde

del ______________________

5 Observa y traza con tu regla tres radios en una circunferencia y el diámetro en la otra.

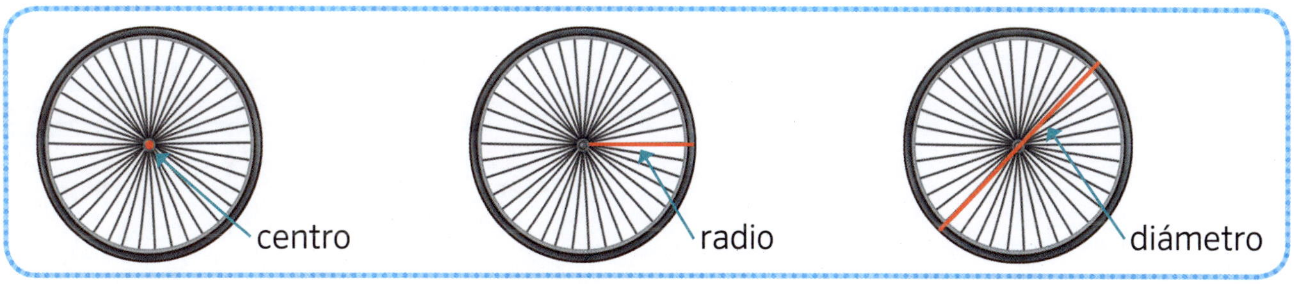

6 Dibuja objetos con forma de círculo y de circunferencia y escribe sus nombres. Señala el centro.

Trabajo con datos Los pictogramas

Irene y sus amigos quieren saber los datos de participación de la carrera de los adultos. Observan este gráfico.

→ 10 participantes

Para saber los datos, nos fijamos en los dibujos del gráfico.

- En la carrera de mayores participaron 40 hombres y 60 mujeres.

1 Iker celebra su cumpleaños y ha preparado sándwiches para merendar. Lee y completa.

→ 5 sándwiches

- ¿De qué hay más sándwiches?

- ¿Y de cuáles hay menos?

- ¿Cuántos sándwiches hay más de jamón que de queso? ....

2 En el colegio se ha hecho una campaña de recogida de medicamentos para el punto Sigre. Observa el gráfico y responde.

10 botes de jarabe	10 cajas de pastillas	10 cajas de cápsulas	10 tubos de pomada

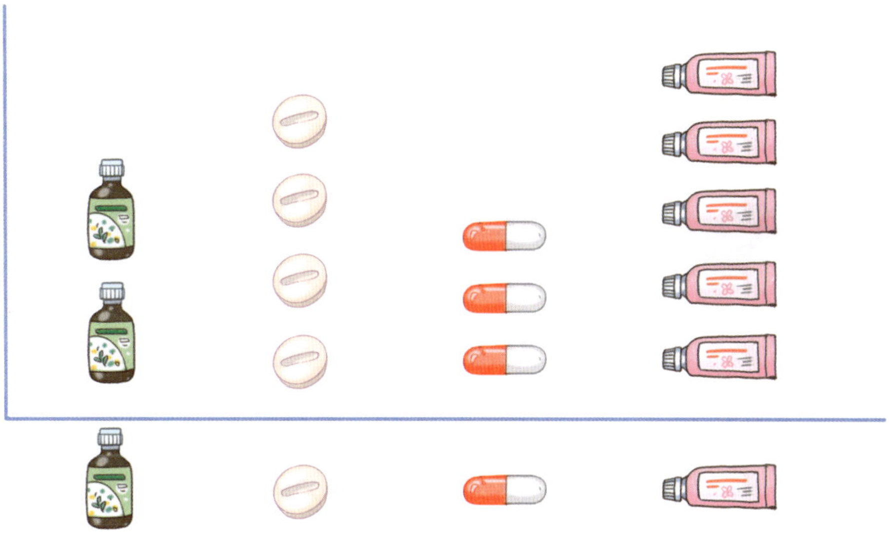

- *Se han recogido:*

.... *botes de jarabe.* .... *cajas de pastillas.*

.... *cajas de cápsulas.* .... *tubos de pomada.*

- ¿Cuántos botes de jarabe faltan para que haya tantos como tubos de pomada?

3 Esther ha recogido en esta tabla los tipos de comida que prefieren sus compañeros. Haz un dibujo para cada una y representa los datos.

Sopa	Arroz	Pasta	Carne	Pescado
5	4	8	6	3

Aprendo a resolver problemas

1. Lee e inventa el dato que falta para poder resolver el problema.

- En el mercado hay 26 puestos de fruta y

¿Cuántos puestos hay en total?

- Alberto tiene un colección de 65 minerales y

¿Cuántos le quedan?

2. Lee, inventa el dato que falta, escribe los datos y resuelve.

- Un cine tiene 246 butacas.

¿Cuántas entradas han vendido?

Hay .... butacas.

Resuelvo problemas

1 Diego y sus dos hermanos comen 4 yogures cada uno al día. ¿Cuántos yogures comen en total?

.... ◯ .... = ...

▶

2 Para ganar la partida Alma necesita 150 puntos. Ya ha logrado 97. ¿Cuántos puntos le faltan?

Puntos que necesita: ....

Puntos que ha logrado: ....

▶

3 Para un concierto han vendido 250 entradas en la taquilla y el resto por Internet. Si en total vendieron 900 entradas, ¿Cuántas vendieron por Internet?

Entradas vendidas: ....

Vendidas en taquilla: ....

▶

Repaso

1 Resuelve y colorea según la clave.

3 × 9 = ...

6 × 4 = ...

$$\begin{array}{r} 224 \\ -\ 185 \\ \hline \end{array}$$
....

El triple del doble de 5 = ...

2 ¿Qué nombre se forma? Dibuja.

Décimo novena letra → ....

Primera letra → ....

Vigésima letra → ....

Novena letra → ....

3 Escribe qué hora es y qué hora será dentro de una hora y cuarto.

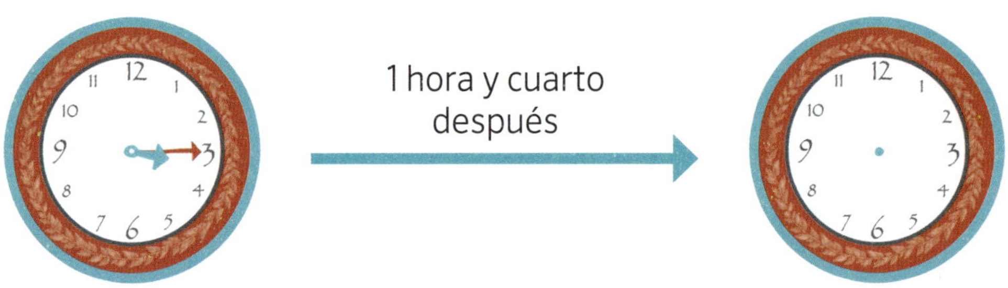

4 Marca de rojo lo que tenga forma de círculo y de verde lo que tenga forma de circunferencia.

☐  ☐  ☐  ☐ 

5 Observa y escribe a cuánto equivale el pez.

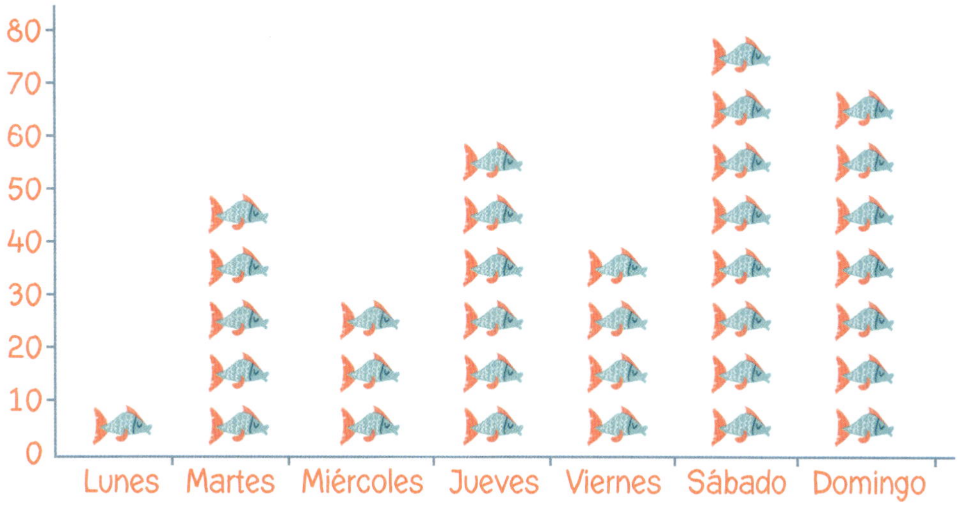

 → ....

Cálculo mental

Completa para restar

37 – 28

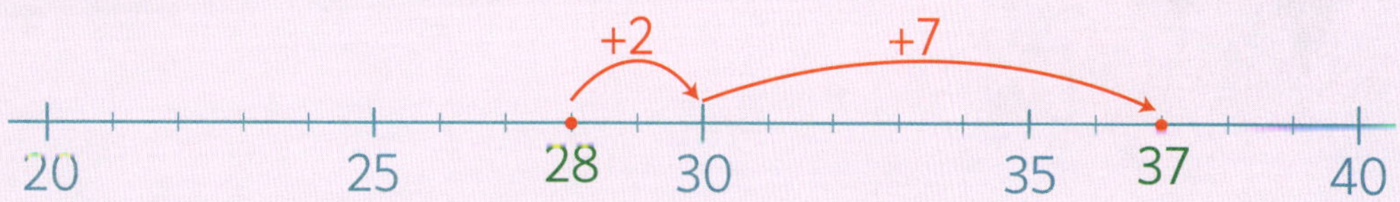

37 – 28 = 2 + 7 = 9

- Ahora hazlo tú.

42 - 35 = ...　　24 - 15 = ...

34 - 27 = ...　　36 - 28 = ...

Ponte a prueba

Iria ha escrito en su agenda las actividades del día. Ir al colegio, hacer deporte, comer, asearse, jugar, … ¡Cuántas cosas en un día!

- Observa y contesta.

¿A qué hora come Iria?

¿A qué hora cena?

- Imagina que Iria tardara el doble de tiempo en desayunar. ¿Cuántos minutos tardaría?

…… ◯ …… = ……

▶

- Mira el tiempo que está Iria en clase.

¿Cuánto tiempo estás tú en clase?

¿Más o menos que Iria?

Tarea final

¡En la diana!

Irene y sus amigos han descansado fenomenal y por eso han podido esforzarse tanto en la carrera. ¿Has descansado bien? Para ser preciso en la puntería debes estar bien descansado. Fabrica una diana y comprueba tu puntería.

PASO 1 Fabricad por parejas vuestra diana. Dibujad dos círculos. Uno grande y otro pequeño y pegad el pequeño dentro del grande.

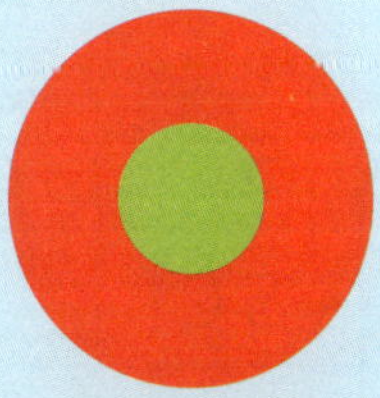

PASO 2 Repasad la circunferencia del círculo menor bien fuerte de modo que se vea claramente.

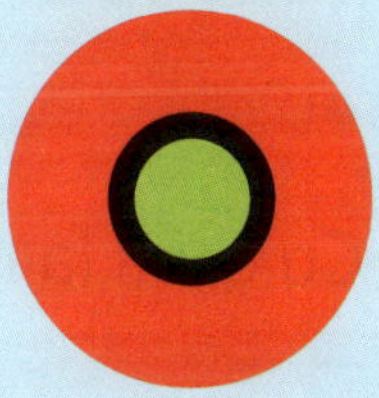

PASO 3 Colocad la diana en el suelo, separaos 3 pasos y lanzad un dado encima de ella ¿Dónde ha caído el dado?

PASO 4 Tu puntuación es la siguiente:

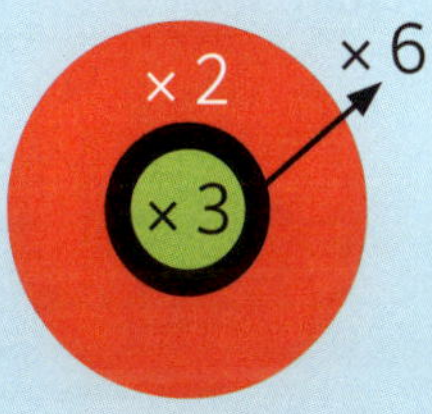

Si caes en el círculo grande	Si caes en el círculo pequeño	Si caes en la línea del círculo menor
Multiplica la puntuación del dado por 2	Multiplica la puntuación del dado por 3	Multiplica la puntuación del dado por 6

PASO 5 Tirad tres veces cada uno y anotad la puntuación total. Comparad los resultados.

Comprueba lo que has aprendido

Test

¿Qué has aprendido? Realiza el test y compruébalo.

1. Observa la descomposición de este número y haz lo mismo con los otros.

585		
5 C	8 D	5 U
5 C	85 U	
58 D		5 U

749		

806		

2. Colorea la respuesta correcta.

El número 673 aproximado a las decenas es	670
	680
El número 550 aproximado a las centenas es	500
	600

3. Escribe la letra que corresponde en cada caso.

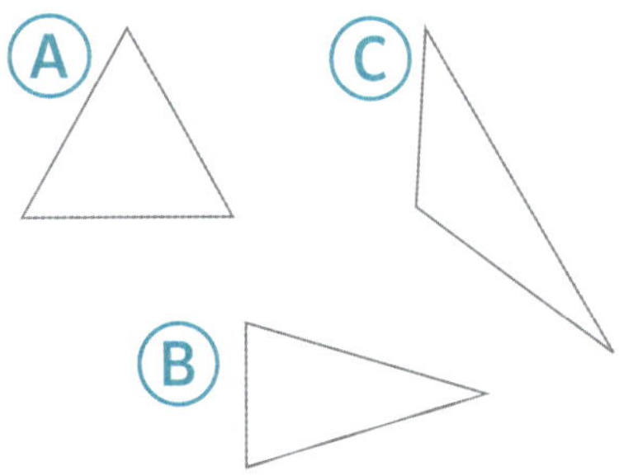

◯ Escaleno ◯ Isósceles ◯ Equilátero

◯ Tiene los tres lados iguales.

◯ Tiene solo dos lados iguales.

◯ No tiene ningún lado igual.

4. Los dardos clavados en la franja roja puntúan doble y los de la franja verde, triple. Marca lo que sea cierto.

☐ La puntuación del ● es 18

☐ La puntuación del ● es 12.

☐ La puntuación del ● es 4.

☐ La puntuación del ● es 21.

Mis amigos

Irene y sus amigos han nacido todos en el mismo año pero quieren saber quién es mayor y quién es menor.

1. Escribe en el recuadro el ordinal que le corresponde a cada uno.

Luis	Irene	Marcos	Raquel	Mario	Marina	Raúl	Ángela	Mateo	Clara
17 diciembre	4 marzo	5 enero	12 abril	9 mayo	1 marzo	24 octubre	5 febrero	1 noviembre	5 julio
....	....	1.º	....	....	....	....	....	....	....

2. Los niños han hecho también un gráfico con sus estaturas.

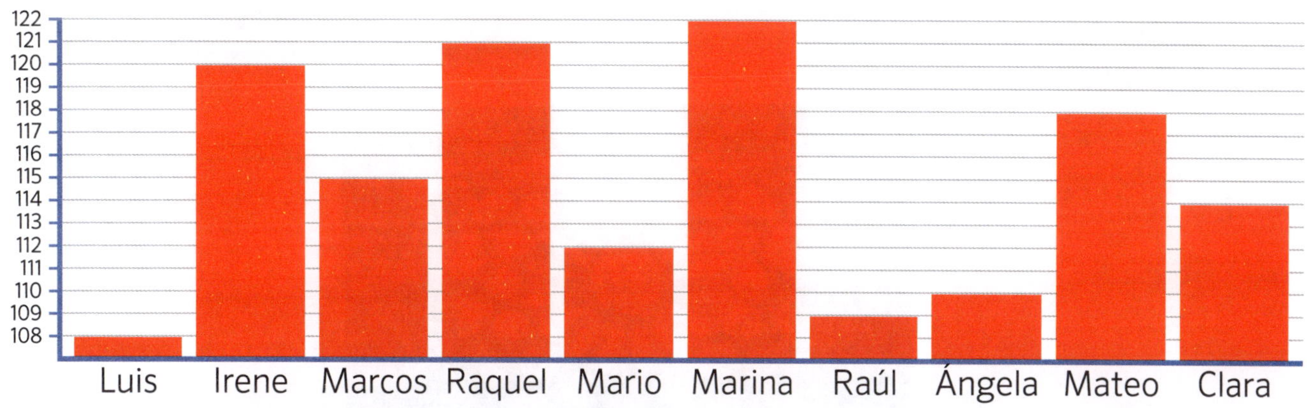

- Ordénalos de mayor a menor estatura.

- ¿Cuánto le falta al más bajo para ser como el más alto?

El más bajo mide: .... cm.

El más alto mide: .... cm.

▶ *Le faltan* .... *cm.*

Vemos con nuestros *arteojos*

PROYECTO TRIMESTRAL
Descubrimos el arte

Las formas del arte

¿Sabes que hay unas ventanas en las iglesias que son verdaderas obras de arte? Son ventanas circulares de cristal, de muchos colores y compuestas por muchas formas, por las que pasa la luz al interior. Se llaman rosetones.

1 Crea tu propio rosetón. Lee y dibuja cada paso en una de las partes del círculo. Después píntalo con muchos colores.

Antes de empezar

Divide el círculo en seis partes iguales, para ello une los puntos rojos. Haz lo mismo con los puntos amarillos y con los verdes.

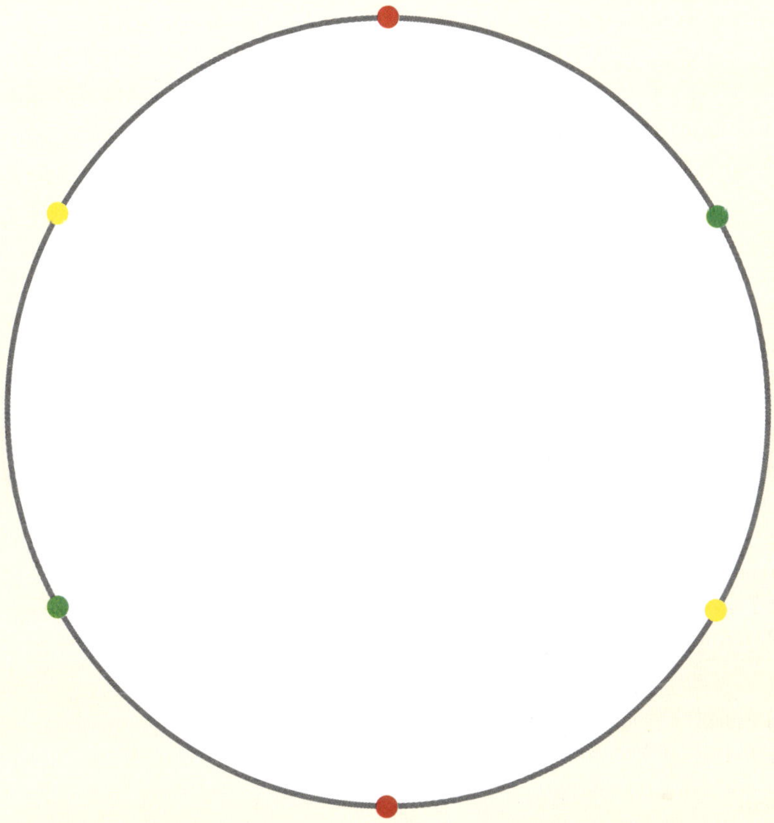

PASO 1 Dibuja círculos rojos. No pueden ser más de 4.

PASO 2 Dibuja el doble de cuadrados azules que de círculos rojos.

PASO 3 Dibuja 2 triángulos isósceles y el triple de equiláteros.

PASO 4 Dibuja tantos círculos amarillos como el resultado de restar 15-10.

PASO 5 Dibuja tantos rectángulos verdes como el primer número par que va después del 5.

PASO 6 Por último, dibuja un número impar de cuadriláteros.

2 Averigua y escribe cuántos lados y vértices hay en total en las figuras de tu rosetón.

- Hay .... lados en total.
- Hay .... vértices en total.

El libro Matemáticas para **2.º de Primaria** forma parte del Proyecto Editorial de Educación Primaria de SM. En su realización ha participado el siguiente equipo:

Autoría
Javier Bernabeu, Aurora Bellido, Mercedes Garín, Gregoria Martín, Nieves Herrero, Francisco Morales, José Manuel Vidal, María Nila Pérez, Juan Miguel Hidalgo, Vicente Moratalla

Edición
Cristina Ulloa, Jesús Macías, Natividad Juarros

Corrección
Javier López

Ilustración
Alya Mark, Macus Romero, Juan Antonio Rocafort, Gusti (Cubierta)

Fotografía
Sergio Cuesta / ARCHIVO SM; THINKSTOCK

Edición gráfica
María Pía Hidalgo

Diseño de cubierta e interiores
Estudio SM

Responsable del proyecto
Javier Bernabeu, Jesús Macías

Coordinación de contenidos digitales
Mara Mañas

Coordinación editorial de Matemáticas
Josefina Arévalo

Coordinación editorial de Primaria
Nuria Vallina, Nuria Corredera

Dirección de Arte del proyecto
Mario Dequel

Dirección editorial
Aída Moya

Ilustración de cubierta de Gusti, del libro *Versos para contar*, SM, 2012.

Gestión de las direcciones electrónicas
Debido a la naturaleza dinámica de internet, SM no puede responsabilizarse de los cambios o las modificaciones en las direcciones y los contenidos de los sitios web a los que remite en este libro.

Con el objeto de garantizar la adecuación de las direcciones electrónicas de esta publicación, SM emplea un sistema de gestión que redirecciona las URL que con fines educativos aparecen en la misma hacia diversas páginas web; entre otras de uso frecuente: http://es.wikipedia.org, www.youtube.es. SM declina cualquier responsabilidad por los contenidos o la información que pudieran albergar, sin perjuicio de adoptar de forma inmediata las medidas necesarias para evitar el acceso desde las URL de esta publicación a dichas páginas web en cuanto tenga constancia de que pudieran alojar contenidos ilícitos o inapropiados. Para garantizar este sistema de control es recomendable que el profesorado compruebe con antelación las direcciones relacionadas y que comunique a la editorial cualquier incidencia a través del correo electrónico ediciones@grupo-sm.com.

Cualquier forma de reproducción, distribución, comunicación pública o transformación de esta obra solo puede ser realizada con la autorización de sus titulares, salvo excepción prevista por la ley. Diríjase a CEDRO (Centro Español de Derechos Reprográficos, www.cedro.org) si necesita fotocopiar o escanear algún fragmento de esta obra.

© Ediciones SM
Impreso en la UE / *Printed in EU*

Este libro está impreso en papel procedente de bosques gestionados de manera sostenible.

matemáticas

PRIMER trimestre

2 primaria

Savia

sm

TU LIBRO

Qué importante es...

- usar la imaginación.
- no contaminar el aire.
- buscar nuevas posibilidades.

Comenzarás cada unidad reflexionando sobre un valor a partir de un texto y una imagen.

Secciones más destacadas

CONTENIDOS

Aprenderás con el ábaco, los bloques y la recta numérica.

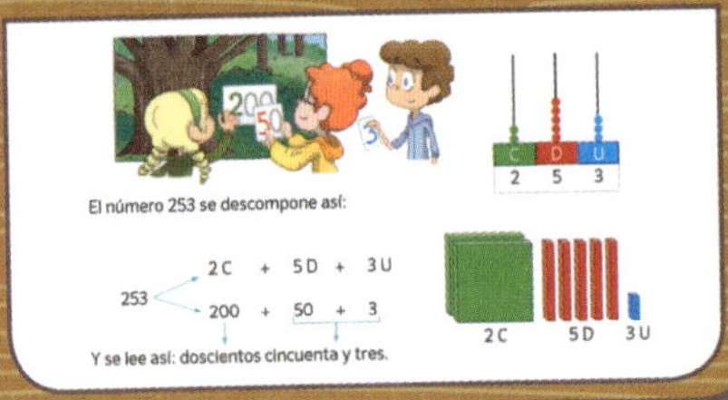

CÁLCULO MENTAL

- Prepara tu mente cada día.
- Juega con los bloques y descubre los números por dentro.

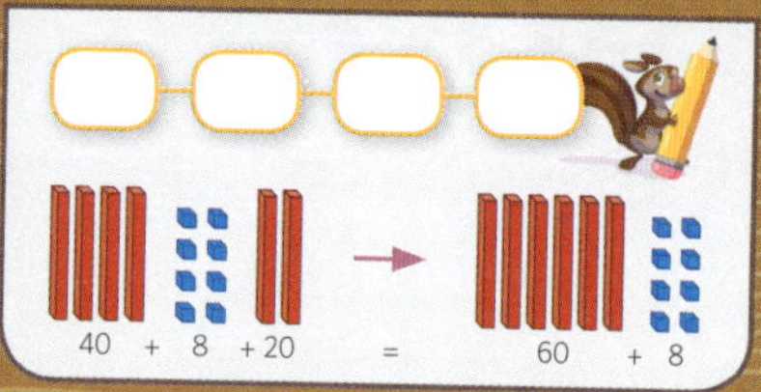

APRENDO A RESOLVER PROBLEMAS

Entrénate y practica.

Ponte a prueba

Pon en marcha tus competencias y comprueba lo que has aprendido con la **tarea final**.

Al final de cada trimestre

- COMPRUEBA LO QUE HAS APRENDIDO.
- PROYECTO TRIMESTRAL.

Y además...

Junto con el libro

TALLER DE MATEMÁTICAS MANIPULATIVAS

Tu entorno de aprendizaje Saviadigital

(www.smsaviadigital.com)
Tu sitio en la web para aprender y divertirte.

Ponte a punto

Actividades iniciales para recordar lo que ya sabes y prepararte para seguir aprendiendo.

Practica/Cálculo mental

Actividades para que no se te olvide lo aprendido. Juegos para que practiques el cálculo mental divirtiéndote.

Juego

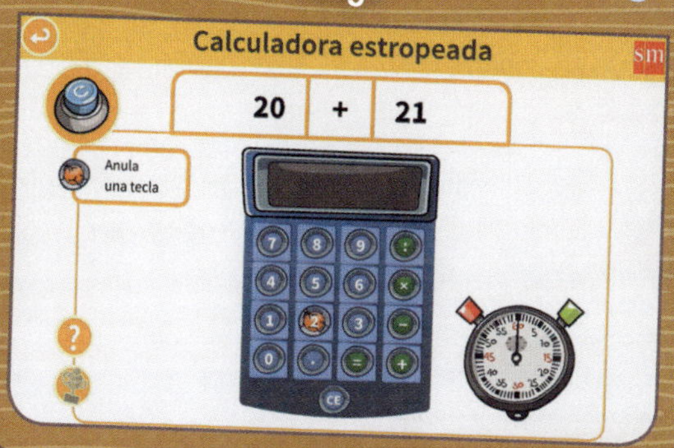

Resuelve problemas/Investiga

Entrenamiento para aprender a resolver problemas y actividades para que investigues en la web.

Entrénate en la web

Valora lo aprendido

Actividades finales con las que comprobarás todo lo que has aprendido y cómo has trabajado.

Entrar en Saviadigital es fácil:

1. Escribe en internet la siguiente dirección: smsaviadigital.com
2. Regístrate. Anota y recuerda tu usuario y contraseña.
3. Introduce el número de licencia que encontrarás nada más abrir tu libro.

Índice

Comenzamos

Te como y me cuento 20

—¡Bien! ¡Un 6! Te como y me cuento 20. ¡Y además repito!... ¡Biiieenn, un 1! ¡Qué suerte, he metido mi última ficha! ¡He ganado!

¿Con qué fichas juega el ganador? ____________________

Un idioma muy extraño

En el planeta Numersindo llaman a los números de una manera especial. Hay un impostor entre ellos y para descubrirle le han puesto una prueba: ¿cómo llaman al número 35? Tacha al impostor.

¡Siempre toca!... O casi siempre

Álvaro juega en la feria a *¡Tira 3 dados!* ¿Qué ha ganado? Rodea.

Esta ha sido su tirada... ¿Qué otros puntos podría haber sacado en los dos dados misteriosos? Escribe otra posibilidad.

Cruce de figuras

Completa. Ten en cuenta que:

- El color azul, verde y rojo deben aparecer en todas las filas y columnas.
- El cuadrado, el círculo y el triángulo deben aparecer en todas las filas y columnas.

Estrujaneuronas

1 paso de gigante equivale a 20 pasos de duende. ¿Cuántos pasos tiene que dar el gigante para alcanzar al duende, si el duende ya ha dado 50?

El día después de ayer es jueves y el anterior a mañana es hoy... ¿Qué día es hoy?

Si la torre naranja es más alta que la torre amarilla y la torre negra es menos alta que la torre amarilla entonces, ¿la torre naranja es más alta o más baja que la torre negra?

1 Decenas de estrellas

Hablamos y descubrimos

Irene mira el cielo sorprendida. Le han hablado de las constelaciones y ha encontrado un grupo de estrellas con forma de carro. Imagina que viaja en él, contando decenas y decenas de estrellas.

—¿Qué haces, Irene? Es hora de dormir.

Irene responde sobresaltada:

—Viajaba por el cielo, pero me acabo de estrellar.

1. ¿Qué hace Irene? ¿Dónde está?
2. ¿Cuántas estrellas tiene el carro que ve?
3. Rodea en el cielo un grupo de una decena de estrellas.
4. ¿Qué objeto hay encima de la mesa? ¿Y debajo?
5. Si fuera de día, ¿podríamos ver las estrellas?

¡Qué importante es... usar la imaginación!

¿Cómo consigue Irene viajar entre las estrellas?

Tarea final

Al acabar la unidad dibujaréis constelaciones imaginarias.

Aprendo los números Números de dos cifras

Irene va a hacer en clase un mural con las estrellas que vio anoche, para ello han repartido pinturas. ¿Cuántos vienen en la caja?

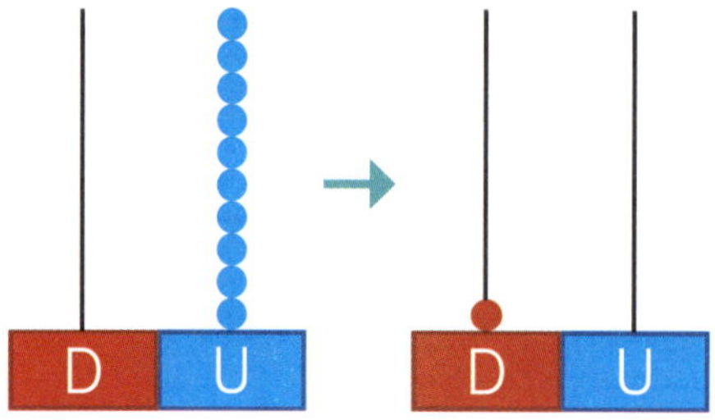

10 U = 1D

▶ En la caja vienen 10 pinturas. Las 10 pinturas de la caja forman 1 decena de pinturas.

1 ¿Cuántas pinturas hay en cada equipo?

Hay .... decenas de pinturas.

Hay .... pinturas.

Hay .... decenas de pinturas.

Hay .... pinturas.

2 Relaciona.

8 decenas	90 unidades	sesenta
9 decenas	80 unidades	noventa
6 decenas	60 unidades	ochenta

3 Lee y completa.

- Dibuja los pegamentos que faltan para que haya 3 decenas de pegamentos.

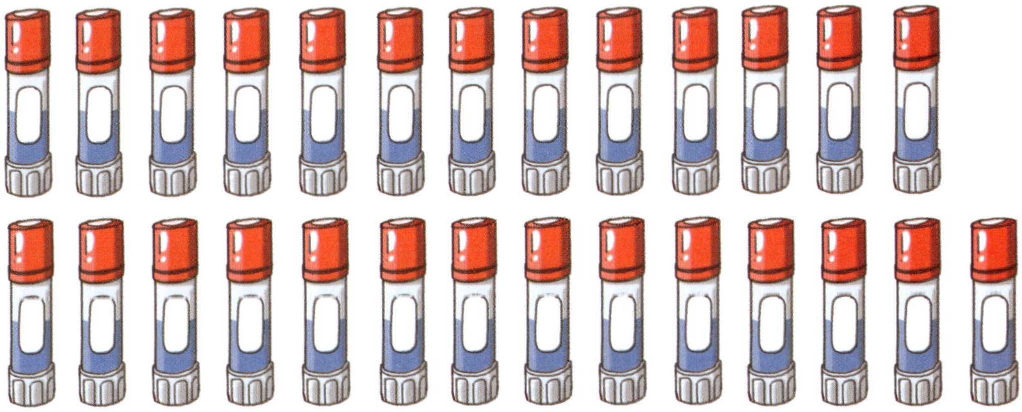

- Tacha las tijeras que sobran para que queden 2 decenas de tijeras.

- Dibuja las gomas que faltan para que haya 1 decena y 3 unidades de gomas.

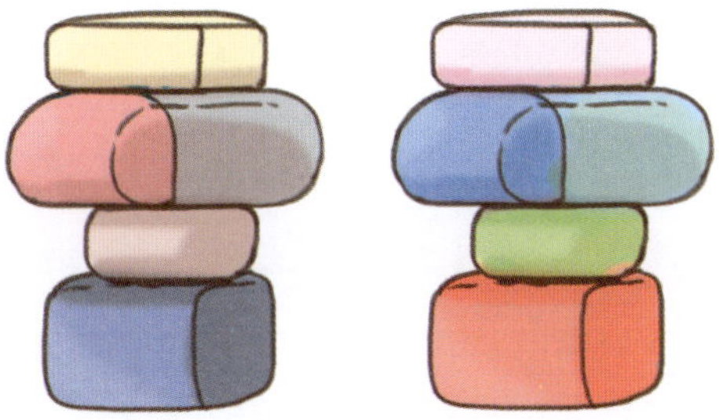

4 Completa.

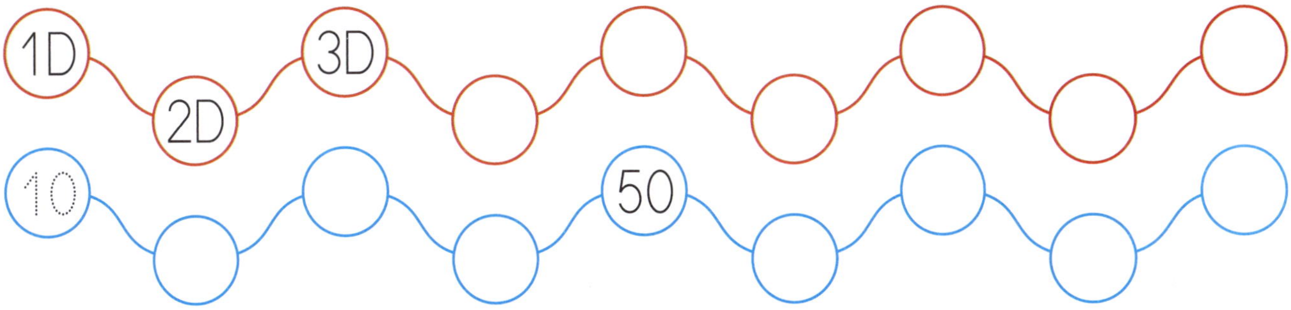

Aprendo los números Números de dos cifras

Irene quiere saber cuántas pegatinas tiene en total para su mural, ¿necesita abrir los paquetes para saberlo?

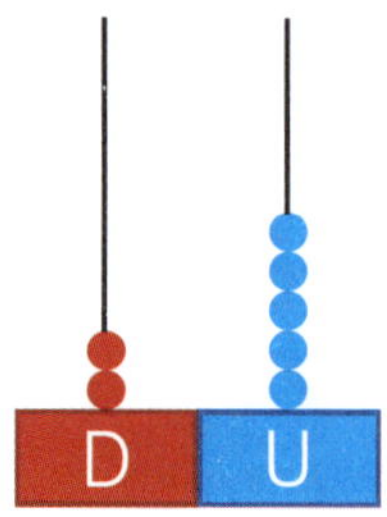

No necesita abrirlos. En total tiene 2 paquetes de 10 pegatinas cada uno y 5 pegatinas más.

10 y 10 y 5 = 25 → 2 D y 5 U

▶ Tiene veinticinco pegatinas en total.

1 ¿Cuántos hay en cada caso?

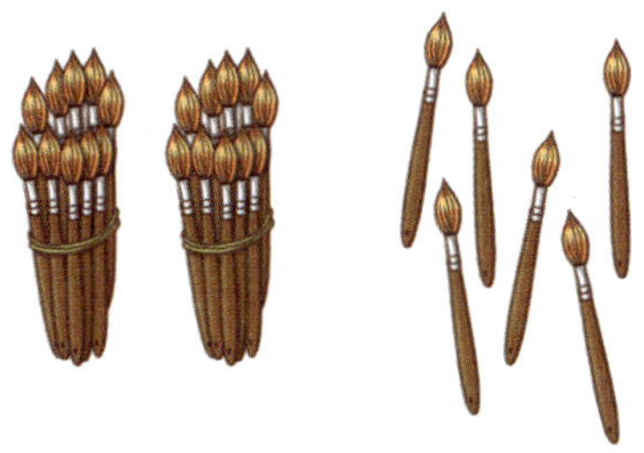

10 y 10 y 6 →

D	U
2	6

Hay veintiséis pinceles.

...... y ...... y ...... y ...... →

D	U

Hay .... piezas.

...... y ...... y ...... y ...... →

D	U

Hay .... bolas.

2 Haz grupos de 10 y completa.

17 → 1 D y 7 U

diecisiete

...... → ...... D y ...... U

...... → ...... D y ...... U

3 Completa la tabla.

63	10 y 10 y 10 y 10 y 10 y 10 y 3	6 D y 3 U
	10 y 10 y 10 y 10 y 9	
		8 D y 4 U
70		

4 Escribe cuántas unidades faltan en cada caso para completar otra decena.

64	23	75	58	39	47	31
↓	↓	↓	↓	↓	↓	↓
6 U	......	......	......	......	......	......

Resuelvo operaciones Sumas sin llevadas

¿Cuántos puntos han conseguido entre los dos?

Puntos de Irene
10 + 10 + 2 = 22

Puntos de Bruno
10 + 10 + 10 + 2 = 32

Para saber cuántos puntos han conseguido entre los dos, sumamos.

D	U		D	U		D	U
2	2	+	3	2	=	5	4

	D	U	
	2	2	Sumandos
+	3	2	Sumandos
	5	4	Suma o total

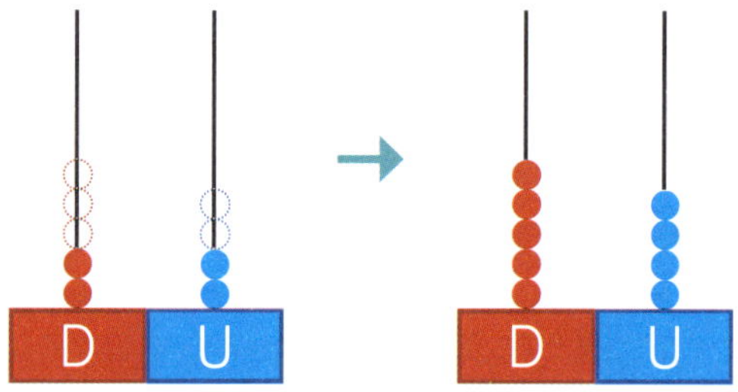

22 + 32 = 54

▶ Entre los dos han conseguido 54 puntos.

1 Transforma en sumas y resuelve.

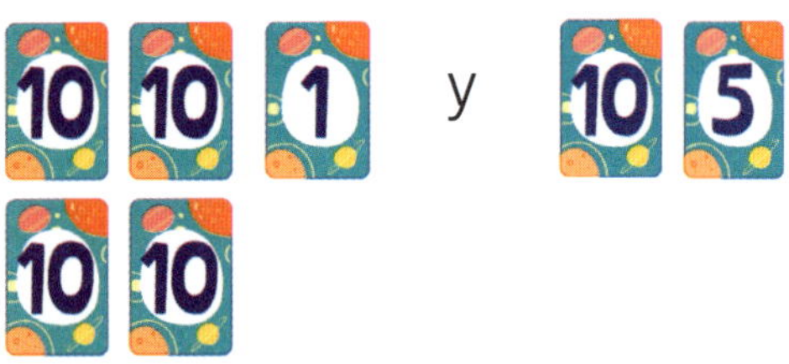

41 + ... = ...

.... + ... = ...

2 Continúa la serie.

12 → (+20) → 32 → (+15) → 47 → (+31) → ___ → (+21) → ___

3 Completa y responde.

34 + 20 = 54 → 20 + 34 = ...

46 + 12 = ... → 12 + 46 = ...

¿Qué has descubierto?

....

4 Fíjate en el ejemplo. Después hazlo tú.

14 + 3 = 17

	1	4
+		3
	1	7

6 + 43 = ...

7 + 12 = ...

42 + 15 = ...

31 + 8 = ...

1 + 53 + 22 = ...

5 Colorea del mismo color las sumas que dan el mismo resultado.

20 + 20	33 + 13	36 + 10	30 + 10
40 + 17	45 + 12	70 + 6	52 + 24

Resuelvo operaciones Restas sin llevadas

Después de hacer el mural, Irene comprueba cuántos rotuladores pintan todavía.

Rotuladores en total
10 + 10 + 10 + 10 +10 + 4 =54

Rotuladores que no pintan
10 + 10 + 1 = 21

Para saber cuántos rotuladores pintan restamos 54 – 21.

D	U
5	4

–

D	U
2	1

=

D	U
3	3

	D	U	
	5	4	← Minuendo
–	2	1	← Sustraendo
	3	3	← Diferencia

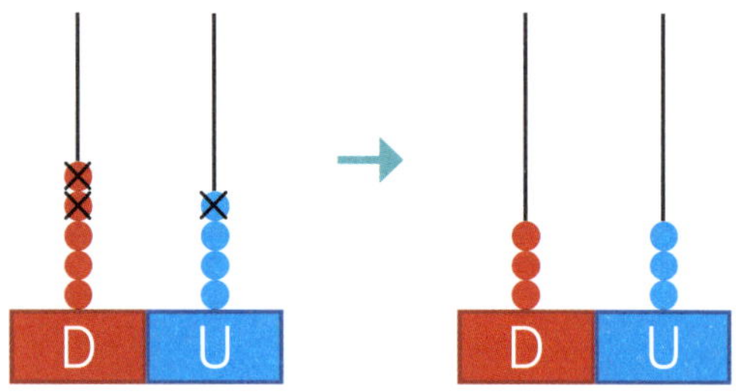

54 – 21 = 33

▶ Todavía pintan 33 rotuladores.

1 Transforma en restas y resuelve.

26 – 13 = ...

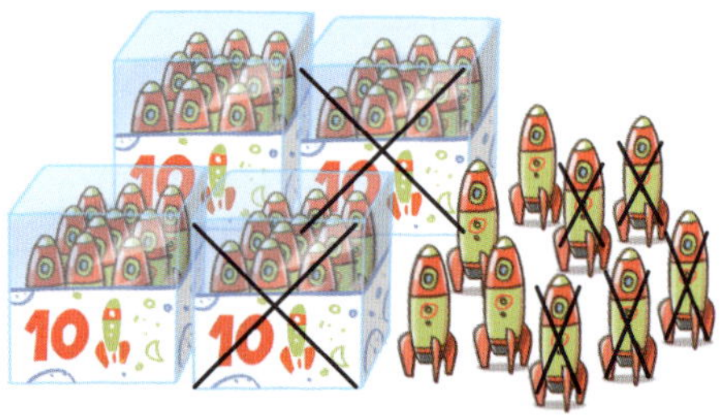

.... – .... = ...

2 Completa.

79 → (−15) → 64 → (−31) → ○ → (−12) → ○ → (−21) → ○

3 Fíjate en el ejemplo y resuelve.

10 + ~~10~~ + 3 + ~~5~~ → 28 − 15 = 13

~~10~~ + 10 + ~~10~~ + 5 + ~~1~~ → .... − .... = ...

10 + ~~10~~ + 10 + ~~10~~ + 8 + ~~1~~ → .... − .... = ...

~~10~~ + 10 + ~~10~~ + ~~10~~ + ~~10~~ + 6 + ~~2~~ → .... − .... = ...

4 Averigua, completa y resuelve.

- El minuendo tiene 6 D y 9 U.
- El sustraendo tiene 4 U.
- La diferencia tiene .... D y .... U.

5 ¿Cuántas decenas y unidades le faltan al 13 para ser como el 48? Completa.

Minuendo →
Sustraendo →
Diferencia →

Al número 13 le faltan .... D y .... U para ser como el número 48.

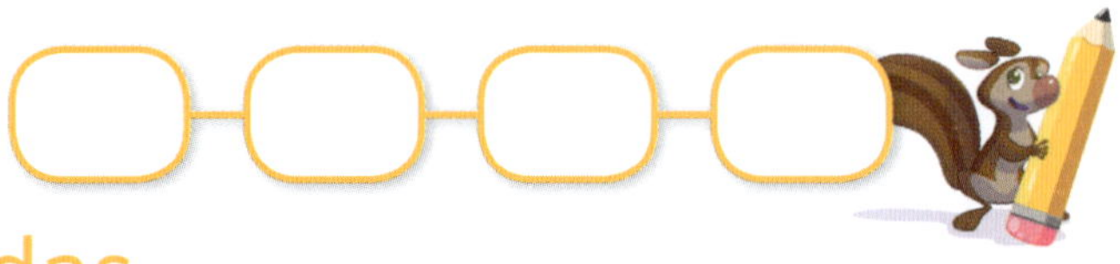

Mido Comparación de medidas

1 Mira las pinturas de Irene y completa.

- La más larga es de color ______.
- La de color ______ es la más corta.
- La de color ______ es más larga que la ______ pero más corta que la ______.

2 Sergio y su amigo Manotas quieren averiguar cuántos palmos mide el mural.

- ¿Quién dice que mide 5 palmos?
- ¿Quién dice que mide 10 palmos?

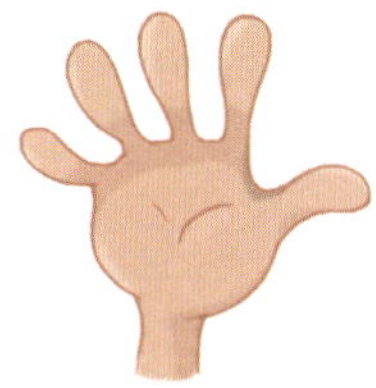

palmo

- ¿Por qué no han obtenido la misma medida?

3 Mide con tus pasos el lado más largo de tu clase.

- ¿Cuántos pasos mide de largo tu clase?
- Si lo mide tu profe, ¿serán más pasos, menos pasos o los mismos pasos?

Me oriento Orientación espacial

1 Observa el dibujo, lee y tacha lo que es falso.

La astronauta tiene un ratón verde encima de su casco.	Bajo la mesa hay una roca brillante.
El círculo del traje está entre las estrellas.	La nave está encima de la mesa.
El caramelo está detrás del marciano.	Hay más de tres estrellas arriba.

2 Colorea, desde la casilla marcada, lo que se indica según la clave.

izquierda arriba abajo derecha

- 2 a la derecha
- 3 arriba
- 4 a la izquierda
- 5 abajo

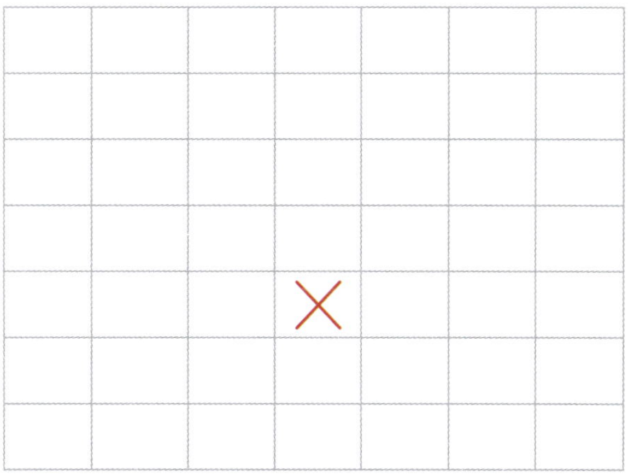

Aprendo a resolver problemas

1 Lee los textos con atención. ¿Se pueden resolver? Marca Sí o No.

- En la biblioteca hay 15 mapas pequeños y 10 mapas de colgar en la pared. ¿Cuántos mapas hay en total?

  ☐ Sí ☐ No

- 45 alumnos han ido de excursión para ver la puesta de sol. ¿Cuántos quedan por llegar?

  ☐ Sí ☐ No

- Alberto y Jara se compraron el mismo libro. A Jara le costó 25€ y a Alberto 21€. Es un libro de planetas muy bonito.

  ☐ Sí ☐ No

2 Lee, y si es posible, resuelve.

- En el colegio hay dos grupos de 2.º de Primaria. En el A hay 24 alumnos y en el B hay 25. ¿Cuántos alumnos de 2.º hay en el colegio?

▶ Hay .... alumnos de 2ºEP.

Resuelvo problemas

1 Jordan y María están haciendo un puzle de 55 piezas. Las han repartido entre los dos y Jordan tiene 34. ¿Cuántas piezas tiene María?

El puzle tiene .... piezas.

Jordan tiene .... piezas.

▶ María tiene .... piezas.

2 En la sala del planetario hay 34 personas. Acaban de entrar 35 personas más. ¿Cuántas personas hay ahora en la sala?

Había .... personas.

Llegan .... personas más.

▶ Ahora hay .... personas.

3 Carla tiene 18 años y su hermano Santiago tiene 11 menos. ¿Cuántos años tiene Santiago?

Carla tiene .... años.

Santiago tiene .... años menos.

▶

Repaso

1 Haz grupos de 10 y completa.

He hecho …… grupos de 10 puntos y han sobrado …… puntos. En total hay …… puntos.

2 Colorea del mismo color las casillas que representan la misma cantidad.

63	10 y 10 y 10 y 10 y 10 y 3	2 D y 3 U
23	10 y 3	6 D y 3 U
13	10 y 10 y 3	5 D y 3 U
53	10 y 10 y 10 y 10 y 10 y 10 y 3	1 D y 3 U

3 Fíjate en el signo y resuelve.

23 + 34   34 − 23   11 + 6 + 72   89 − 45

4 Irene está midiendo los palmos que mide el ancho de su mesa. ¿Cuántos crees que serán?

Yo creo que mide .... palmos.

Si la midiera la madre de Irene, ¿serían más o menos palmos?

5 Candela tiene una calculadora a la que se le ha roto la tecla del 5 y quiere resolver 25 + 41. ¿De cuáles de estas formas podría resolverlo? Colorea.

20 + 3 + 2 + 41

24 + 1 + 41

20 + 3 + 40 + 1

10 + 10 + 46

Cálculo mental

Sumar decenas.

48 + 20

40 + 8 + 20 = 60 + 8

- Ahora hazlo tú.

62 + 20 = ... 44 + 30 = ... 30 + 27 = ...

51 + 40 = ... 10 + 66 = ... 14 + 60 = ...

Ponte a prueba

Este curso, Marta y Javi son los encargados de preparar la exposición sobre el Universo. Tienen que hacer una presentación para sus compañeros y van a mostrar varios vídeos que han conseguido sobre el espacio.

- ¿Cuántos minutos dura la presentación?

20 minutos

32 minutos

15 minutos

Vídeo del Sol : ______

Vídeo de la Tierra: ______

Vídeo de los planetas: ______

▶ La presentación dura ...... minutos.

- Su profesora les dijo que era necesario que durara, por lo menos, 60 minutos. ¿Han cumplido con su tarea? ¿Por qué?

______

______

Tarea final

Estrellas en el suelo

Irene ha contagiado a sus amigos su afición por las estrellas. Esta mañana han imaginado grupos de estrellas y las han pintando en el suelo. ¿Qué grupos de estrellas te gustaría inventar a ti?

PASO 1 En equipos de 8 pintad puntos gordos en un papel continuo en el suelo del patio. Para saber cuántos puntos pintará cada miembro del equipo, tirad un dado por turnos, y el número que salga serán los puntos que tiene que pintar cada uno.

PASO 2 Después unid los puntos haciendo formas como las de las constelaciones. Cada forma tiene que tener 10 puntos. Luego completad la tabla y responded a las preguntas.

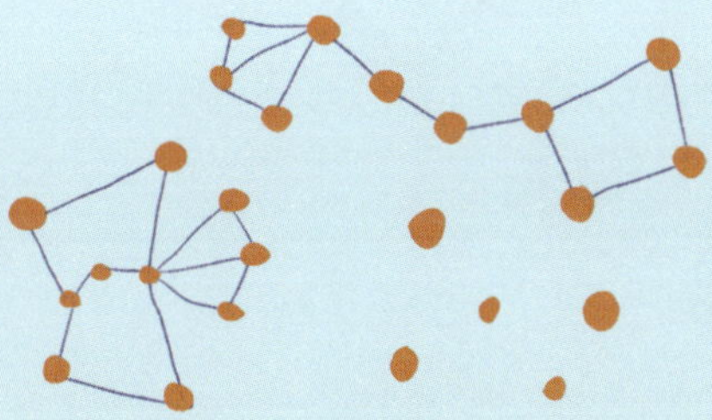

Constelaciones de 10 estrellas	Estrellas sueltas

- ¿Cuántas estrellas habéis pintado en tu equipo? ....
- ¿Cuántas más necesitáis para poder pintar otra constelación? ....

PASO 3 Recortad del papel continuo la constelación que más os guste. Ponerle un nombre y presentársela a vuestros compañeros.

2 Saltos en línea recta

Hablamos y descubrimos

¡Zas! Un saltamontes da un salto enorme y se cruza en el camino. Irene lo mira asombrada. Se queda quieta como una planta, para ver si salta otra vez.

Piensa: "Me gustaría ser como tú".

Y después, añade con una sonrisa: "Para dar saltos grandes, claro. No para ser verde y tener antenas".

1 ¿Dónde está Irene? ¿Qué encuentra?

2 ¿Cómo es la rampa del tobogán del parque?

3 ¿Cuántas piedras avanza el saltamontes de un salto? Señala dónde llegará con el siguiente.

4 Rodea los números que aparecen en la imagen. ¿En qué se parecen? ¿Qué pueden indicar?

5 ¿Por qué se queda Irene quieta como una planta?

¡Qué importante es... valorar lo que nos rodea!

A nuestro alrededor hay animales y plantas muy curiosos. ¿A cuál te gustaría parecerte? ¿Por qué?

Tarea final

Al acabar la unidad comprobaréis lo que puede saltar un "gran saltamontes".

Aprendo los números Ordenar números hasta el 99

¿En qué número cae el saltamontes en cada salto?

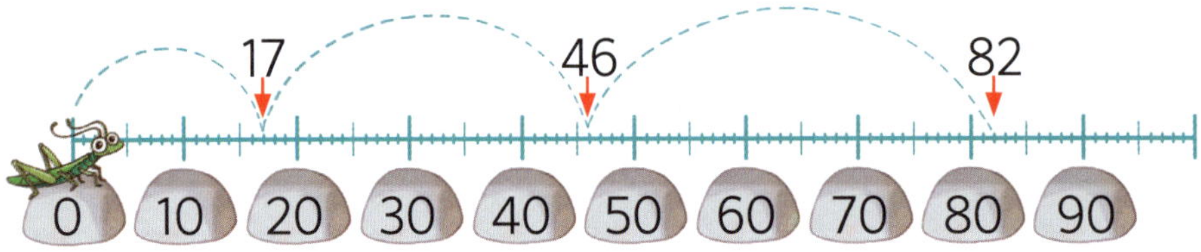

▶ En el primer salto llega hasta el 17, en el segundo, hasta el 46, y en el último, hasta el 82.

Los tres números ordenados de menor a mayor se escriben así:

$17 < 46 < 82$

Menor que

Los tres números ordenados de mayor a menor se escriben así:

$82 > 46 > 17$

Mayor que

1 ¿Hasta dónde llega cada saltamontes? Completa y ordena los resultados.

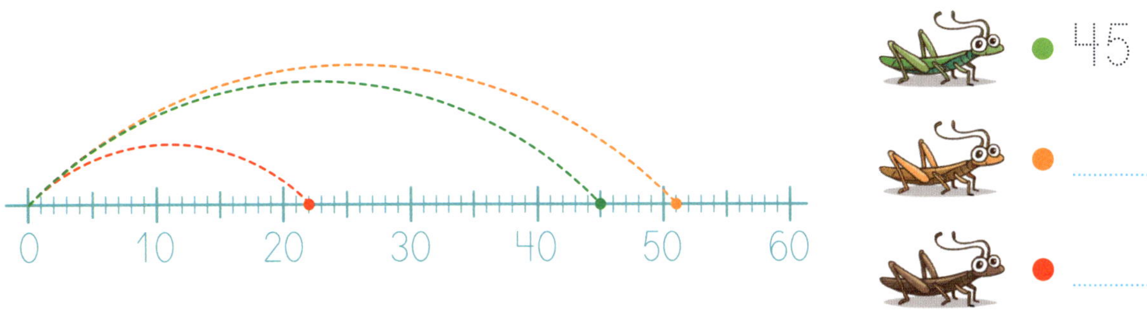

El que llega más lejos es de color ....

De menor a mayor	De mayor a menor
.... $< 45 <$	.... $> 45 >$ ....

2 Escribe >, = o < según corresponde.

17 ◯ 45	8+5 ◯ 3+9	6D y 3U ◯ 8D

3 Colorea las afirmaciones que son ciertas y repasa.

Las decenas completas se escriben con una sola palabra: diez, veinte, treinta, ...

Hasta el veintinueve todos los números se escriben con una sola palabra.

Los demás números de dos cifras se escriben con tres palabras: treinta y dos, cincuenta y cuatro, cuarenta y nueve, ...

En ningún número está la letra b: veintiocho, noventa y nueve, ...

4 Escribe cómo se leen estos números y márcalos en la recta. Completa.

9 → nueve

40 → ____________

13 → ____________

95 → ____________

El número mayor es el .... y el menor es el ....

5 Rodea según el código.

(rojo) Anterior al 67

(verde) Posterior al 70

65 71 69 66

Aprendo los números Aproximación a la decena

En su primer salto, el saltamontes llegó hasta el número 17.
¿A qué decena se aproximó más?

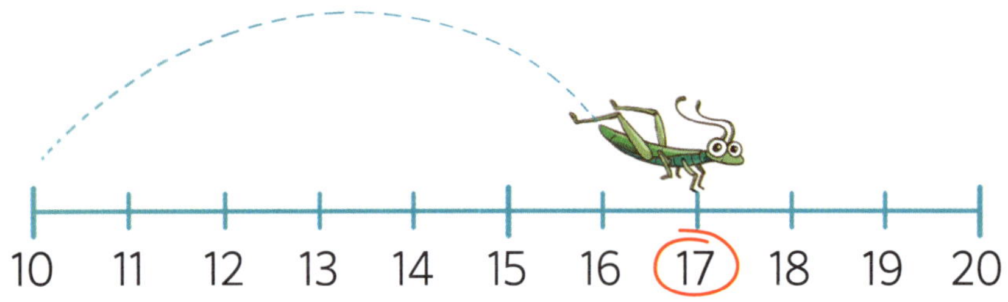

El número 17 está entre el 10 y el 20.

Está más cerca del número 20.

▶ El número 17 aproximado a las decenas es 20.

1 ¿Entre qué dos decenas se encuentran estos números? Colorea la más cercana en cada caso y completa.

47 → 40 / 50

El número 47 se aproxima al número 50.

23 → ☐ / ☐

El número 23 se aproxima al número ....

86 → ☐ / ☐

El número 86 se aproxima al número ....

74 → ☐ / ☐

El número 74 se aproxima al número ....

2 Observa y completa.

El ● indica el número .... Está entre el 30 y el .... Se aproxima al número ....

El ● indica el número .... Está entre el .... y el .... Se aproxima al número ....

3 Irene y sus amigos van a participar en la carrera de sacos. Observa el dibujo y responde.

- ¿Cuántos personas participan?
- Si han redondeado a la decena para comprar los premios, ¿tendrán para todos?

4 Colorea el número que más se aproxima a 50.

cuarenta y tres | cincuenta y uno | cuarenta y ocho | sesenta

Resuelvo operaciones Sumas con llevadas

¿Cuántas flores hay?

1. Sumamos las unidades.

	2	4
+	3	6
		10

2. Llevamos la decena a su columna.

	1	
	2	4
+	3	6
		10

3. Sumamos las decenas.

	1	
	2	4
+	3	6
	6	0

▶ Hay 60 flores.

1 Suma y ordena los resultados.

	1	
	2	6
+	3	8
	6	4

	◌	
	3	1
+	4	9

	◌	
	1	8
	3	2
+	4	1

	◌	
	5	2
	1	7
+	2	8

.... > .... > .... > ....

2 Averigua y suma estos números.

- 3 decenas y 9 unidades
- 14 unidades
- 4 decenas

	◌	
+		

3 Fíjate en el ejemplo y completa.

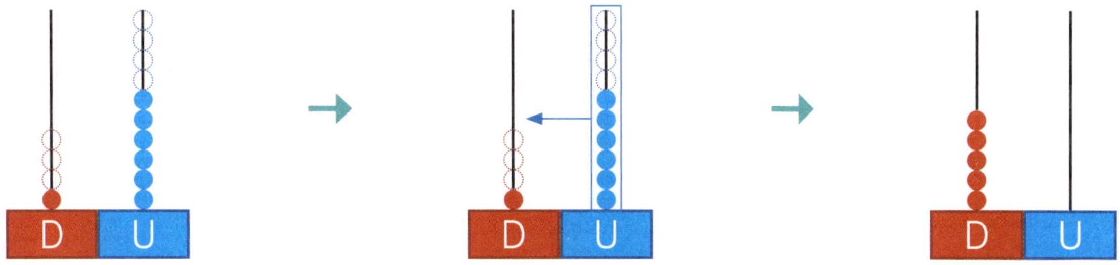

16 + 34 = 40 + 10 = ...

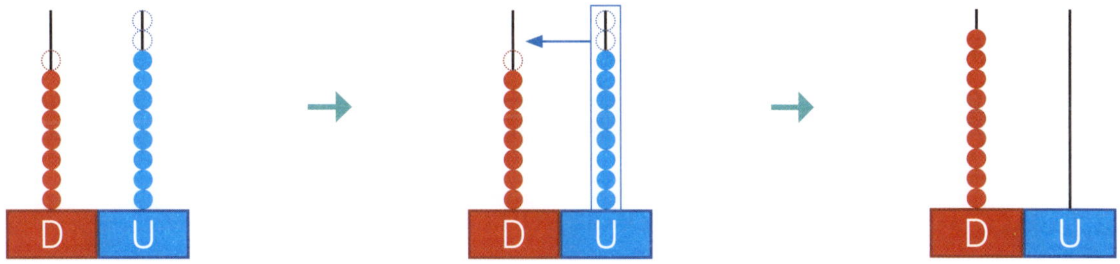

78 + ... = ... + ... = ...

4 Completa y responde.

36 →(+14) 50 →(+12) ◯ →(+18) ◯ →(+19) ◯

5 Observa esta suma, ¡te llevas 2! Resuelve las demás.

	2	
	2	7
	1	7
+		6
	5	0

	◯	
	1	8
	2	8
+	1	8

	◯	
	2	5
	4	9
+	1	9

	◯	
	3	9
		7
+	4	8

Mido Comparo cantidades

¿En qué recipiente cabe más leche? ¿En cuál cabe menos?

- El recipiente en el que cabe más leche es el azul.
- El recipiente en el que cabe menos leche es el rosa.

1 Escribe *cabe más* o *cabe menos* según corresponda.

- En el recipiente rosa ______ que en el recipiente verde.
- En el recipiente verde ______ que en el recipiente rosa pero ______ que en el recipiente azul.

2 Observa y colorea de verde lo que es cierto y de rojo lo que es falso.

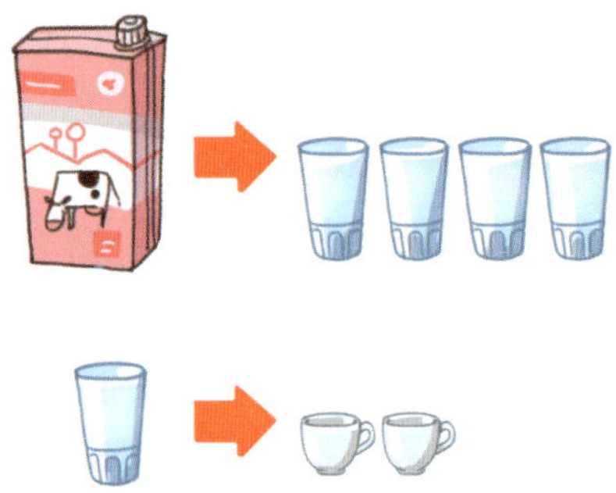

Cabe más en la taza que en el vaso.

En 4 tazas cabe menos que en 3 vasos.

En 1 cartón cabe tanto como en 8 tazas.

Con 4 tazas llenas 2 vasos.

Resuelvo operaciones Repaso

1 Transforma en restas, resuelve y escribe cómo se lee el resultado.

26 – .... = ...

Quedan .... cartones.

.... – .... = ...

Quedan .... cartones.

2 Los niños de 1.º gastan 18 cartones de leche en cada comida y los de 2.º gastan 23. ¿Cuántos cartones de leche gastan en total los niños de 1.º y 2.º?

1.º →

2.º →

▶ En total gastan .... cartones.

3 Resuelve.

41 + 24 = ...   57 – 36 = ...   60 + 20 = ...

Conozco las figuras Tipos de líneas

¿Qué tipos de líneas ves aquí?

Hay líneas rectas.

Hay líneas curvas abiertas y cerradas.

Hay líneas poligonales abiertas y cerradas.

El punto es el lugar dónde se cruzan las rectas.

1 Dibuja dos líneas rectas que se crucen y marca el punto.

2 Observa el dibujo de este juguete y escribe V si es verdadero y F si es falso.

- ☐ El pájaro es una línea poligonal abierta.
- ☐ La casa es una línea curva cerrada.
- ☐ El tronco del árbol es una línea recta.
- ☐ No hay líneas curvas en el dibujo.

Conozco las figuras Posiciones relativas

¿Cómo son entre sí estas parejas de líneas?

Las líneas que no se cortan nunca son paralelas.

Las líneas que se cortan en un punto son secantes.

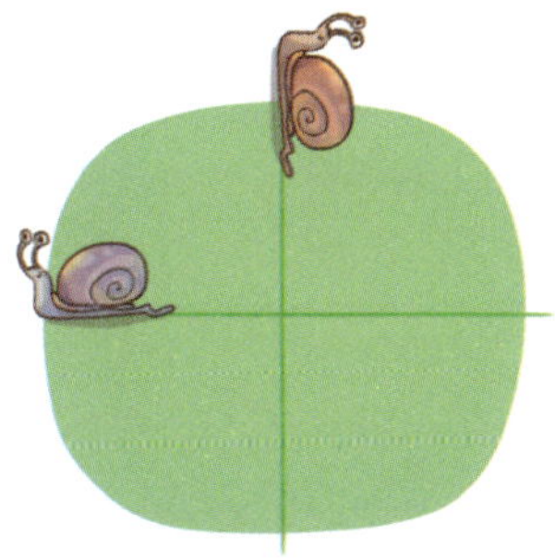

Las líneas que se cortan en un punto dejando cuatro zonas iguales son, además, perpendiculares.

1 Escribe la posición de estas líneas.

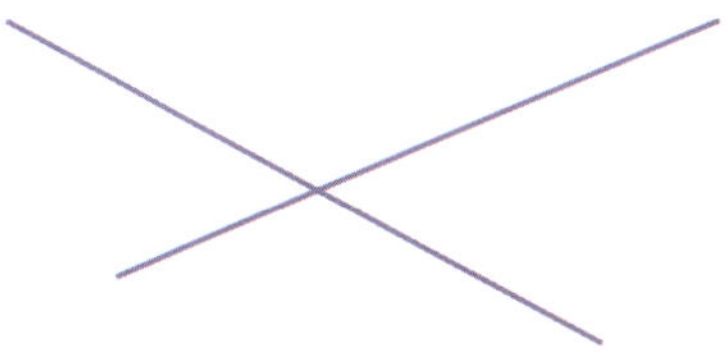

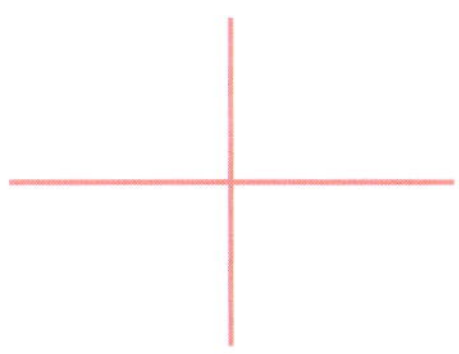

2 Dibuja todas las líneas rectas que puedas que se corten en este punto, ¿cómo son todas entre sí?

Son

Aprendo a resolver problemas

1 Lee, piensa y marca la operación que hay que hacer para resolver el problema.

- Roberto tenía 25 hojas y Luis le dio las suyas. Ahora tiene 37. ¿Cuántas hojas le dio Luis?

  ☐ Sumar ☐ Restar

- Para regar un jardín se usan 35 litros de agua no potable para el césped, 12, para las flores, y 4, para las plantas aromáticas. ¿Cuántos litros usan en total?

  ☐ Sumar ☐ Restar

- En la granja de Rita están esquilando a las 58 ovejas del rebaño. Si ya han esquilado a 35, ¿cuántas faltan por esquilar?

  ☐ Sumar ☐ Restar

2 Piensa y resuelve.

- En el parque había 35 árboles y ahora hay 58. ¿Cuántos árboles han plantado nuevos?

▶ Han plantado .... árboles nuevos.

Resuelvo problemas

1 En el bidón azul caben 27 litros más que en el verde. ¿Cuántos litros caben en el bidón azul?

Bidón verde .... litros.

Bidón azul .... litros más.

▶ ____________________

2 El camino recto a casa de Lía mide 56 metros, y el que tiene curvas, 98 metros. ¿Cuántos metros más mide el camino curvo?

Camino recto .... metros.

Camino curvo .... metros.

▶ ____________________

3 Cris y Sara están guardando canicas de 10 en 10. Cris tiene 4 bolsas, y Sara, 5. ¿Cuántas canicas tienen entre las dos?

Cris tiene .... bolsas, que son .... canicas.

Sara tiene .... bolsas, que son .... canicas.

▶ ____________________

Repaso

1 Escribe los números que faltan y ordena de menor a mayor los que están rodeados.

0									9
	11							18	
		22					27		
			33			36			
				44	45				
				54	55				
			63			66			
		72					77		
	81							88	
90									99

.... < .... < ....

2 Tacha la línea intrusa en cada caso.

Recta 

Curva 

Poligonal 

3 Fíjate en el signo, coloca y resuelve.

78 + 14 = ...   57 − 36 = ...   30 + 10 + 20 = ...

4 La caja roja cabe dentro de la caja marrón y la caja marrón cabe dentro de la caja naranja. Dibuja y completa.

- Cabe más en la caja de color ....
- Cabe menos en la caja de color ....

Cálculo mental

Completa dieces.

35 + 35

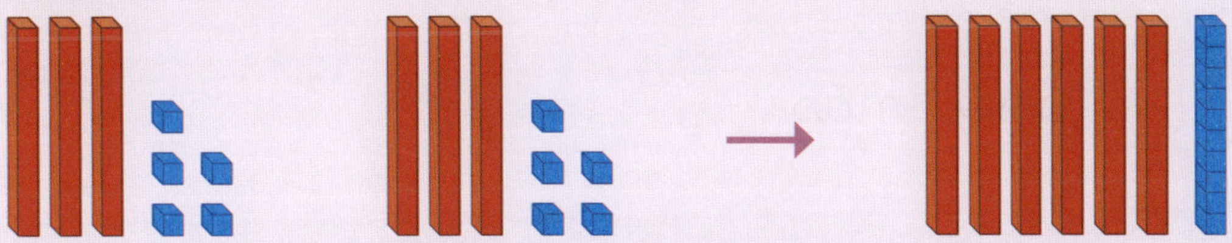

30 + 5 + 30 + 5 = 60 + 10 = 70

- Ahora hazlo tú.

25 + 25 = ...   15 + 15 = ...   45 + 45 = ...

Ponte a prueba

Natalia y su abuelo han encontrado un folleto de hace años de la reserva natural que hay en el pueblo y lo están mirando con atención.

- ¿Cuántas aves había en total en la reserva natural del pueblo?

Patos: ____________

Cigüeñas: ____________

Aguiluchos: ____________

▶ En total había .... aves.

- Natalia y su abuelo han buscado en internet el número de aves que hay ahora. En total hay 98. ¿Cuántas aves hay de más ahora en la reserva?

Aves en el año 2.000: ____________

Aves ahora: ____________

▶ Hay .... aves más.

- Si ahora hay 39 patos, 40 cigüeñas y 19 aguiluchos, ¿de qué especie hay más aves?

____

Tarea final
Saltimbanqui

A Irene le ha sorprendido el saltamontes y lo rápido que se puede desplazar con sus saltos. Les ha propuesto a sus compañeros jugar a imitarle. ¿Quieres probar tú?

PASO 1 En equipos de 4, dibujad con tiza una línea recta muy larga en el patio y haced marcas en ella. Hay que escribir un número en cada marca, empezando en el 0 y acabando en el 99.

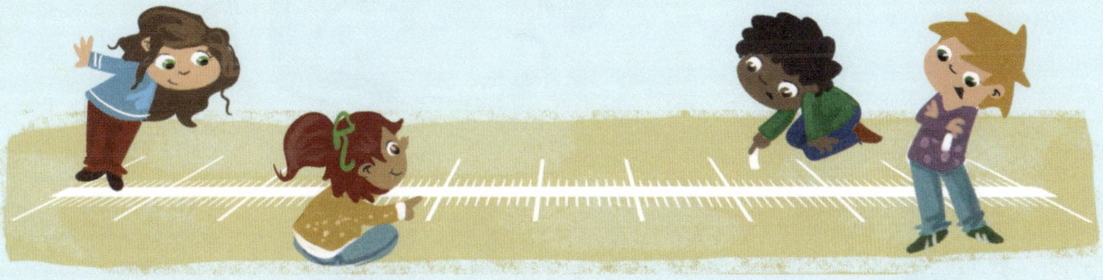

PASO 2 Cada uno da 3 saltos. Uno a continuación del otro.

Anota en qué número has caído después del tercer salto. ◯

- ¿Entre qué dos decenas has caído? .... y ....
- ¿A cuál te has acercado más? ....

PASO 3 Ordenamos de menor a mayor hasta dónde ha llegado cada miembro del equipo.

.... < .... < .... < ....

PASO 4 Comparamos los resultados de todos los equipos y felicitamos al que ha llegado más lejos.

3 Un paisaje de cien piezas

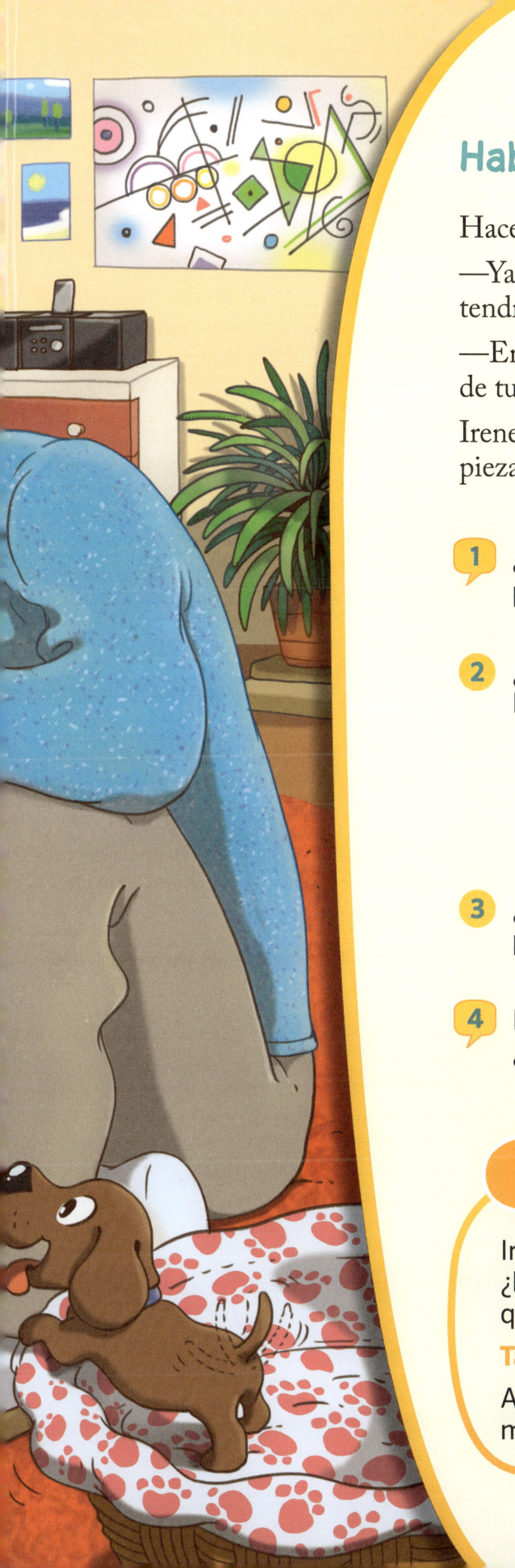

Hablamos y descubrimos

Hace rato que Irene busca una pieza del puzle.

—Ya van diez y ninguna encaja. ¡A este paso, tendré que probar las cien piezas!

—Entonces, tendrás cien ocasiones de alegrarte de tu esfuerzo.— le dice su padre.

Irene sonríe. Cuando acabe, hará un puzle de más piezas.

1 ¿Qué hace Irene? ¿Cuántas piezas tiene el puzle?

2 ¿A qué figura se parecen las piezas de puzle? Dibuja.

3 ¿Cuál de las mascotas de Irene crees que pesa menos? Rodea.

4 Irene quiere hacer otro puzle con más piezas, ¿cuántas crees que tendrá?

¡Qué importante es... superar los obstáculos!

Irene no se rinde hasta encontrar su pieza. ¿Recuerdas algún obstáculo que hayas tenido que superar tú?

Tarea final

Al acabar la unidad podrás montar un mensaje muy especial con el esfuerzo de todos.

Aprendo los números El número 100

Irene tiene un puzle nuevo muy original que puede resolver de dos maneras diferentes, con piezas grandes o piezas pequeñas.

Piezas pequeñas
100

100 unidades forman 1 centena.
100 U = 1 C

Piezas grandes
10

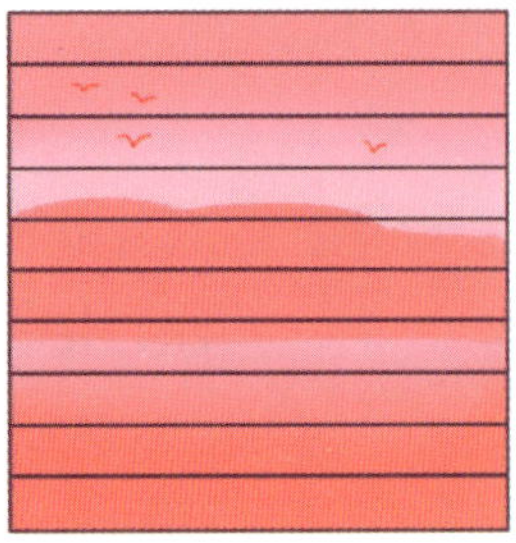

10 decenas forman 1 centena.
10 D = 1 C

El número 100 está formado por 1 centena, 0 decenas y 0 unidades.

El número 100 se lee cien.

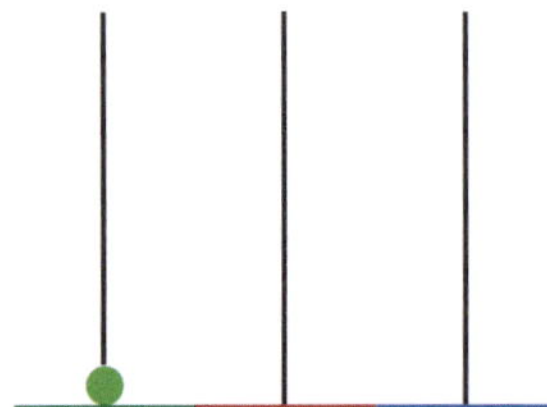

C	D	U
1	0	0

1 Fíjate en el ejemplo y completa.

100 y 100 = 200 = 2 C

.... y .... y .... y .... = ... = ... C

.... y .... y .... = ... = ... C

2 Completa.

3 ¿Cuántas piezas le faltan a cada uno para completar su puzle de 100 piezas? Completa.

- Irene ya lleva 90, le faltan 10 piezas más para tener 100.

  90 + 10 = 100

- Gloria ya lleva 80, le faltan .... piezas más para tener 100.

  80 + ... = ...

- Aitor ya lleva 70, le faltan .... piezas más para tener 100.

  70 + ... = ...

4 ¿Cuántas decenas y unidades son? Escribe.

6 centenas = 60 decenas = 600 unidades

9 centenas = ... decenas = ... unidades

5 Investiga y copia lo que es cierto.

- En mi colegio hay más de 1 centena de alumnos.
- Este libro tiene menos de 1 centena de páginas.
- Tengo 2 centenas de dedos.

Aprendo los números Números de 3 cifras

Se han replantado 235 árboles en una zona que se quemó hace años. Ha vuelto a quedar preciosa. ¡Mira cómo se ve desde el cielo!

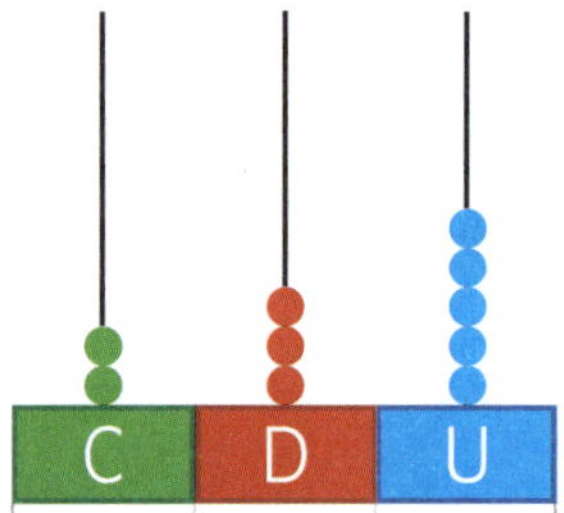

C	D	U
2	3	5

▶ Han plantado 235 árboles.

El número 235 se puede descomponer así:

235 { 2 C + 3 D + 5 U
200 + 30 + 5

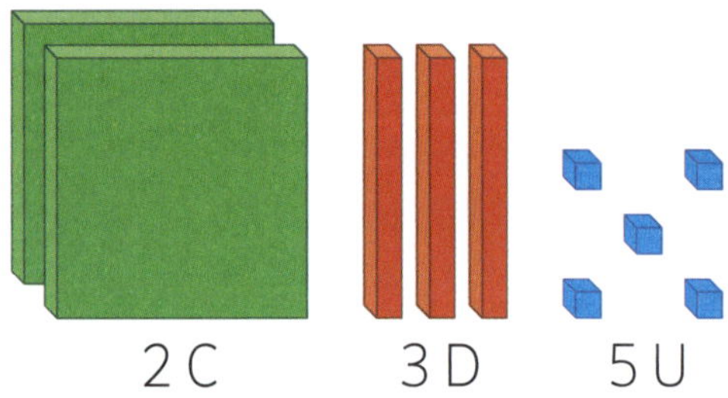

1 Observa y completa.

 → 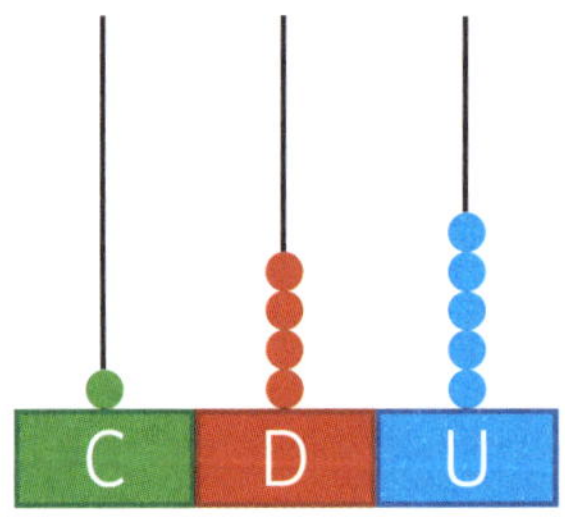 →

C	D	U
1	4	5

 → 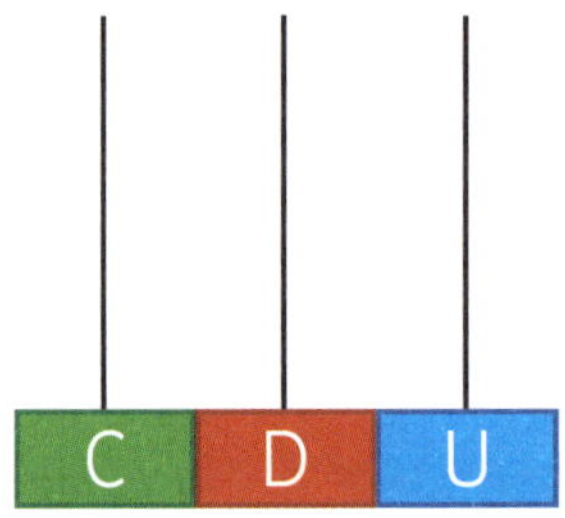 →

C	D	U

 → 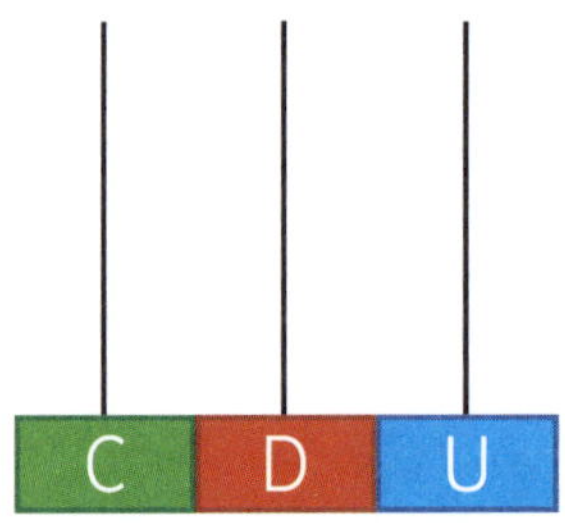 →

C	D	U

2 ¿Qué numeros son? Escribe.

3 C + 1 D + 5 U = 315 | 4 C + 6 D + 1 U = ...

6 C + 4 D = ... | 1 C + 5 D + 3 U = ...

3 ¿Cómo puede Irene representar el número que le ha tocado? Rodea.

4 Observa y descompón de varias formas.

835	367	542
800 + 30 + 5		
800 + 35		
830 + 5		

5 ¿Qué número es? Escríbelo en cada caso.

Tiene 1 centena y 4 unidades.	Tiene 9 centenas y 6 decenas.	Tiene 3 centenas y 2 unidades y sus tres cifras suman 7.

Mido Comparo el peso

Irene ha fabricado una balanza que sirve para comparar el peso de los objetos. Se ha dado cuenta de que la balanza se inclina hacia el platillo que tiene más peso.

La goma pesa más que el sacapuntas porque la balanza se inclina hacia el lado de la goma y el sacapuntas pesa menos que la goma.

1 Utiliza una goma y una regla para fabricar una balanza. Comprueba y colorea lo que es cierto.

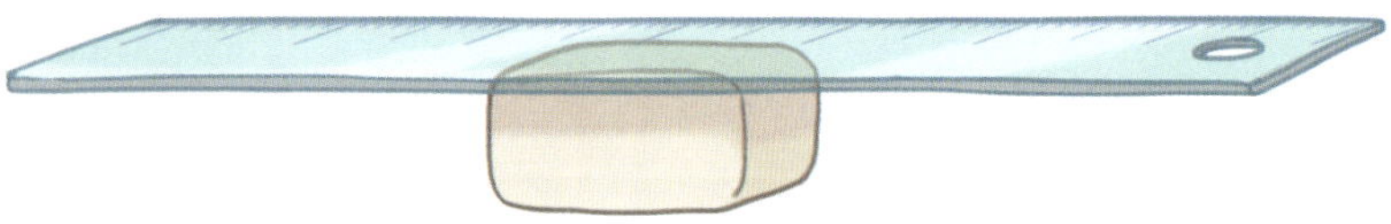

Mi sacapuntas pesa menos que una goma.

Una goma pesa menos que una bolita de papel.

Si pongo una goma igual en cada extremo la balanza no se inclina.

Dos sacapuntas pesan lo mismo que una goma.

2 ¿Cuál crees que pesa más? Rodea.

Bola de bolos | Pelota de fútbol | Pelota de pimpón | Pelota de tenis

3 Observa las balanzas. Completa con *pesa más* o *pesa menos* y responde.

La castaña ____________

que la almendra.

La almendra ____________

____________ que la nuez.

La manzana ____________

que la nuez y la castaña juntas.

- ¿Cuál de estos cuatro frutos pesa más? ____________
- ¿Y menos? ____________

4 Dibuja la pesa que falta y escribe el número que le corresponde.

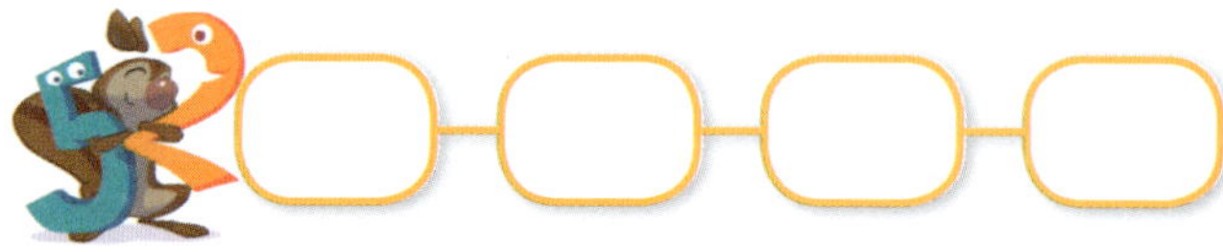

Conozco las figuras Figuras planas

Irene y sus compañeros están haciendo marcos de distintas formas para poner fotografías de varios paisajes. ¿Las reconoces?

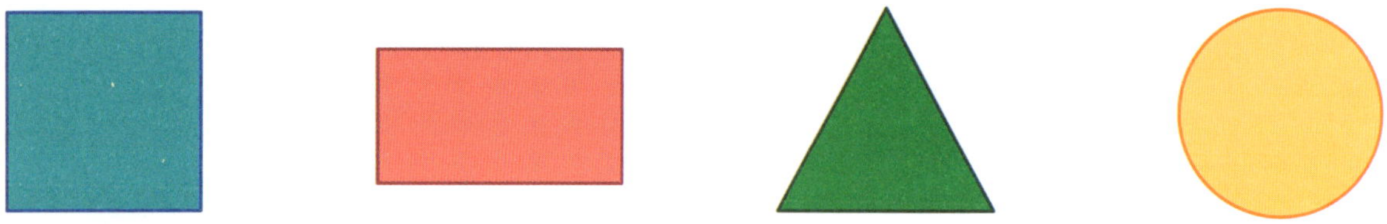

cuadrado rectángulo triángulo círculo

1 Cierra estas líneas poligonales abiertas y transfórmalas en la figura que se indica. Utiliza la regla.

Triángulo Cuadrado Rectángulo

2 ¿Cuántos cuadrados, rectángulos y triángulos ves? Observa con atención y escribe. Hay más de los que parece.

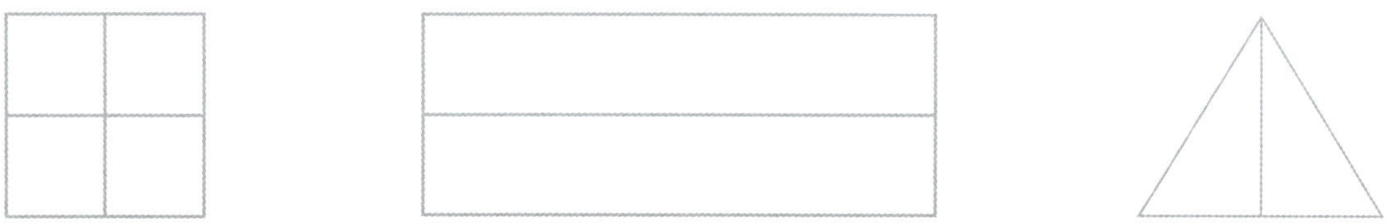

....

3 Dibuja y colorea círculos de distintos tamaños en un folio, recórtalos y pégalos como más te guste.

Resuelvo operaciones Sumas y restas con 3 cifras

En el lago del parque viven dos tipos de peces. ¿Cuántos peces hay en total? ¿Cuántos peces plateados hay más que amarillos?

$$\begin{array}{r} 156 \\ +\ \ 42 \\ \hline 198 \end{array}$$

$$\begin{array}{r} 156 \\ -\ \ 42 \\ \hline 114 \end{array}$$

Colocamos las centenas, decenas y unidades, y las sumamos o restamos.

▶ Hay 198 peces en total. Hay 114 más plateados que amarillos.

1 Resuelve.

.... + ... = ...

.... – .... = ...

2 Suma o resta.

142 + 321 253 + 36 999 – 269 576 – 65

	1	4	2
+	3	2	1

Trabajo con datos Tablas de doble entrada

Irene pertenece a un grupo de montañismo. Después de cada excursión rellenan una tabla como esta. ¿Cómo les ha ido hoy a cada uno?

	Puntualidad	Resistencia	Compañerismo
 Irene	X	X	X
 Luis			X
 Ana	X		X
 Rubén	X	X	X

1 Fíjate en la tabla y responde.

- ¿Quién ha llegado tarde a la excursión?

- ¿Quiénes han resistido mejor hoy?

- ¿Crees que son buenos compañeros?

2 Lee el texto que ha escrito Irene en su diario y ayúdala a completar su horario de actividades extraescolares.

✓ Juego al fútbol los lunes y miércoles. Los lunes acabo a las 6 y los miércoles a las 7.

✓ Teatro solo tengo los viernes pero estoy 2 horas.

✓ Los jueves de 6 a 7 voy al taller de inventos.

	Lunes	Martes	Miércoles	Jueves	Viernes
De 5 a 6					
De 6 a 7					

3 Observa el horario de Irene y responde.

- ¿Cuántas horas a la semana tiene actividades?

- ¿Qué día no tiene ninguna actividad?

- ¿A qué hora empieza fútbol los lunes?

- ¿Qué día tiene ocupada la tarde completa?

Aprendo a resolver problemas

1 Lee y elige el dato que falta para poder resolver el problema.

- En un pueblo vivían 173 familias y algunas se han marchado a vivir a la ciudad. ¿Cuántas familias viven ahora en el pueblo?

  ☐ Había 43 niños en el pueblo.

  ☐ Se marchan a la ciudad 62 familias.

- Un circo hace 2 funciones diarias. Por la tarde han ido 245 espectadores. ¿Cuántos espectadores han ido hoy?

  ☐ La entrada cuesta 12 €.

  ☐ Por la noche han ido 184 espectadores.

- En el puerto cabían amarrados 100 barcos y ahora lo han ampliado. ¿Cuántos barcos caben en total?

  ☐ Ahora hay 35 amarres más.

  ☐ Salen a pescar 68 barcos.

2 Lee, elige el dato y resuelve.

- Tengo 26 años menos que mi madre. ¿Cuántos años tengo?

☐ Mi madre tiene 34 años.

☐ Mi casa tiene 12 años.

▶ ____________________

Resuelvo problemas

1 En el colegio hay 145 alumnos en Infantil y 367 en Primaria. ¿Cuántos niños más hay en Primaria que en Infantil?

Hay ……… niños en Infantil.

Hay ……… niños en Primaria.

▶ ____________________

2 La carretera que atraviesa la llanura tiene 125 señales de prohibición y 48 de peligro. ¿Cuántas señales tiene en total?

Tiene ……… señales de prohibición.

Tiene ……… señales de peligro.

▶ ____________________

3 David guarda sus fotografías en álbumes de colores. El rojo tiene 28 fotos, el amarillo, 32, y el verde, 21. ¿Cuántas fotos tiene en total?

El rojo tiene ……… fotos.

El amarillo tiene ……… fotos.

El verde tiene ……… fotos.

▶ ____________________

Repaso

1 Observa este dibujo y haz un ✓ en lo que sea cierto.

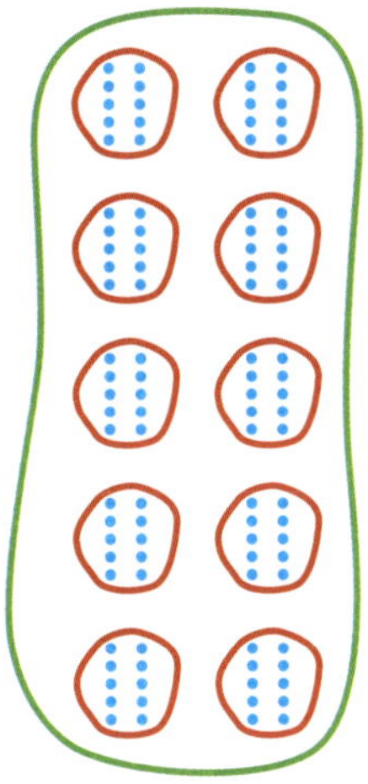

- ☐ Cada grupo rojo tiene 1 decena de puntos azules dentro.
- ☐ El grupo verde tiene 1 decena de grupos rojos.
- ☐ Dentro del grupo verde hay 1 centena de puntos azules.

2 Escribe debajo de cada ábaco el número que representa.

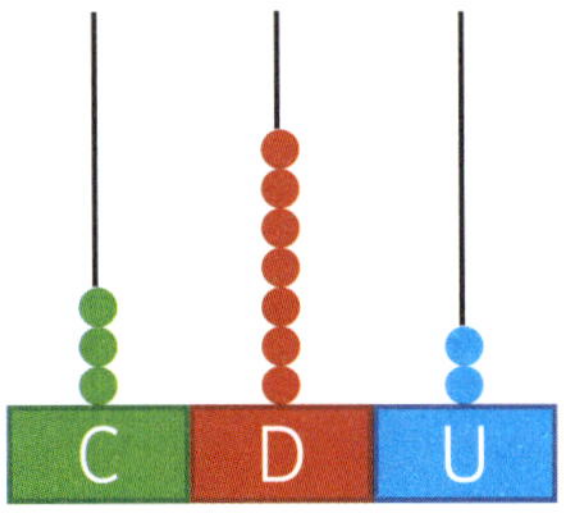

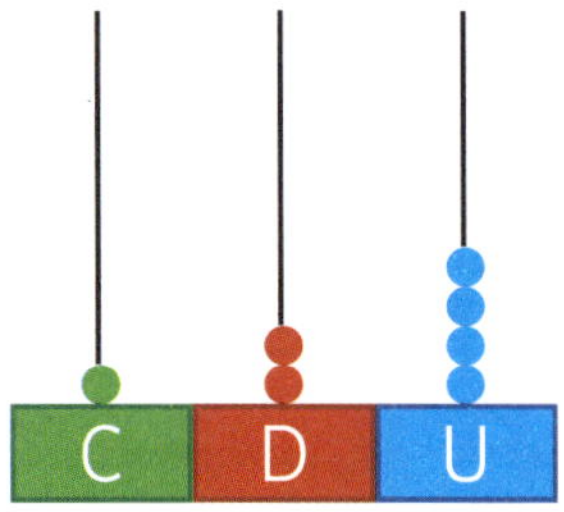

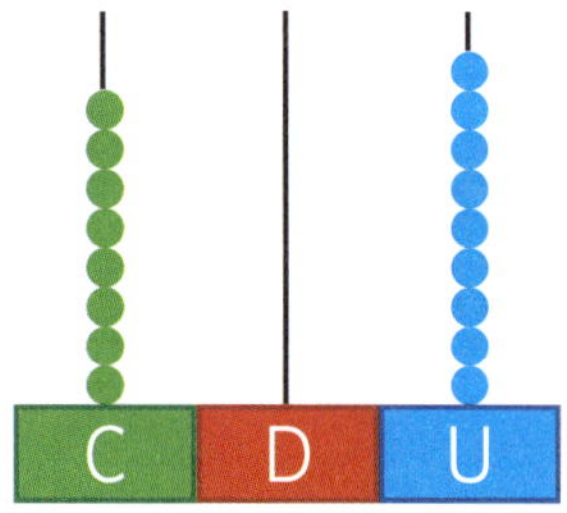

3 Une con flechas.

3 C + 1 D + 6 U	361
3 C + 6 D + 1 U	360
3 C + 6 D	306
3 C + 6 U	316

4 Continúa la serie.

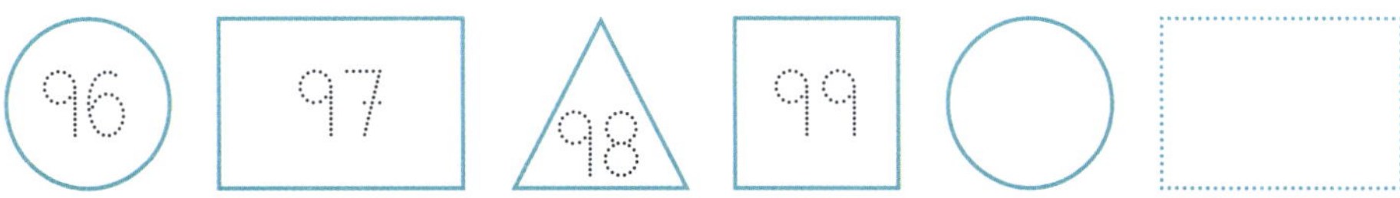

5 Fíjate en el signo y resuelve.

	2	3	6
+		4	6

	8	3	9
−	1	1	3

	6	0	9
+	1	8	7

	5	6	2
−	3	4	0

6 Observa el dibujo y marca.

	SÍ	NO
Irene pesa más que los dos niños juntos.		
Un niño pesa menos que Irene.		

Cálculo mental

Quita dieces

57 – 20

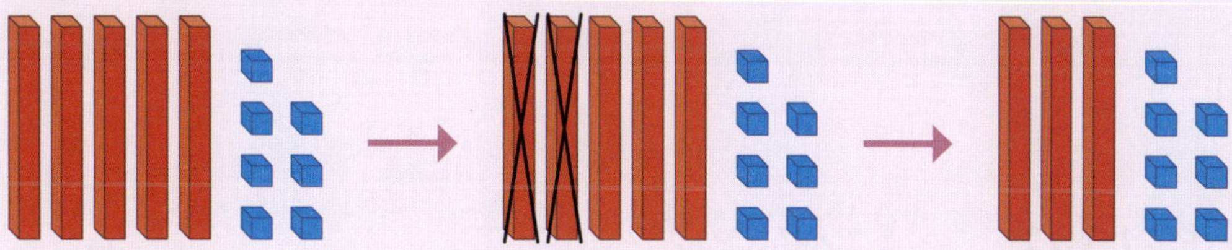

50 y 7 – 20 = 30 y 7 = 37

- Ahora hazlo tú.

75 – 40 = ... 78 – 60 = ... 86 – 10 = ...

64 – 30 = ... 54 – 10 = ... 49 – 30 = ...

Ponte a prueba

Jorge y su abuela han ido a comprar varias cosas al supermercado. Al llegar a casa, los dos juntos, repasan la cuenta.

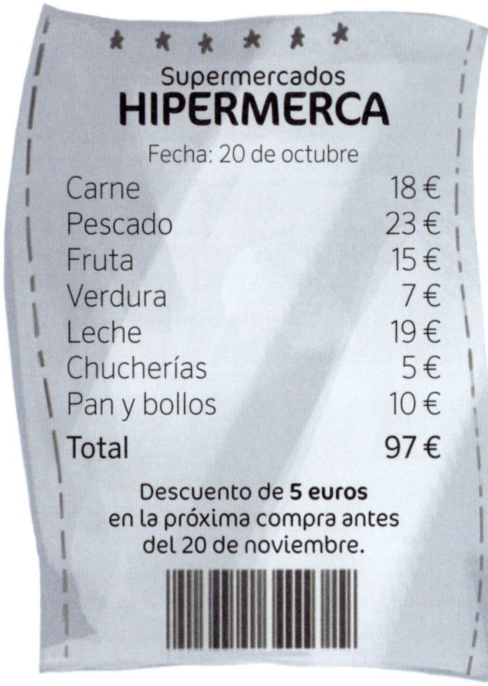

* * * * * * *

Supermercados
HIPERMERCA
Fecha: 20 de octubre

Carne	18 €
Pescado	23 €
Fruta	15 €
Verdura	7 €
Leche	19 €
Chucherías	5 €
Pan y bollos	10 €
Total	**97 €**

Descuento de **5 euros** en la próxima compra antes del 20 de noviembre.

- ¿Qué han comprado Jorge y su abuela en el supermercado?

- ¿Cuánto ha costado la compra? .... €.

- Compara los precios y ordénalos de mayor a menor.

  .... > .... > .... > .... > .... > .... > ....

- ¿Qué fue lo más caro?

- Si la abuela pagó con 100 €, ¿cuántos euros le sobraron?

  Pagó con: ....

  Precio total: .... ◯ .... = ...

  ▶ Le sobraron .... euros.

- Busca y escribe qué otras informaciones aparecen en el tique.

Tarea final

Cientos de bolitas

En la clase de Irene también van a hacer un puzle muy especial. Quieren reunir cientos de bolitas de papel de colores para formar un mensaje con el esfuerzo de todos. ¿Queréis probar?

PASO 1 Haced cada uno 2 decenas de bolitas de papel de colores. ¿Cuántas bolitas son 2 decenas?

PASO 2 Elegid entre todos un lema para vuestra clase. Pedid al profesor que os ayude a escribirlo en grande.

PASO 3 ¿Cuántas bolitas habéis conseguido hacer entre todos? Rellena y completa.

	centenas	decenas
Un solo niño	0	2
Toda la clase		

▶ En total hemos hecho ...... bolitas entre todos.

PASO 4 Pegad las bolitas de colores dentro de las letras hasta rellenarlas todas y colgad el lema en un sitio bien visible de la clase.

¡SOMOS UN EQUIPO!

4 Un bosque centenario

Hablamos y descubrimos

—Este árbol tiene doscientos cincuenta y tres años —explica el agente forestal—. Para cuidar el bosque y que los árboles vivan tanto, cuando nos vamos, debe parecer que no lo hemos visitado.

Irene se queda boquiabierta: ¿será por eso que la abuela insiste en que deje todo como estaba, cuando juego en su casa? ¿Tendrá la abuela más de 200 años?

1 ¿Dónde ha ido Irene? ¿Qué le están enseñando?

2 ¿Por qué se pregunta si su abuela tiene más de doscientos años?

3 Repasa y escribe el número que falta en el panel de la edad del árbol.

4 ¿Qué crees que indica el poste de madera que tiene flechas con números?

5 Dibuja en el cartel que está vacío una señal para indicar peligro de incendio.

¡Qué importante es... cuidar de nuestros bosques!

¿Por qué crees que son importantes los bosques? ¿Podríamos vivir sin ellos?

Tarea final

Al acabar la unidad mostraréis cómo poder cuidar de nuestros árboles.

Aprendo los números El número de 3 cifras

No se lo pueden creer, ¿cómo va a tener el árbol 253 años? Eso es más de 100, y ¡más de 200!

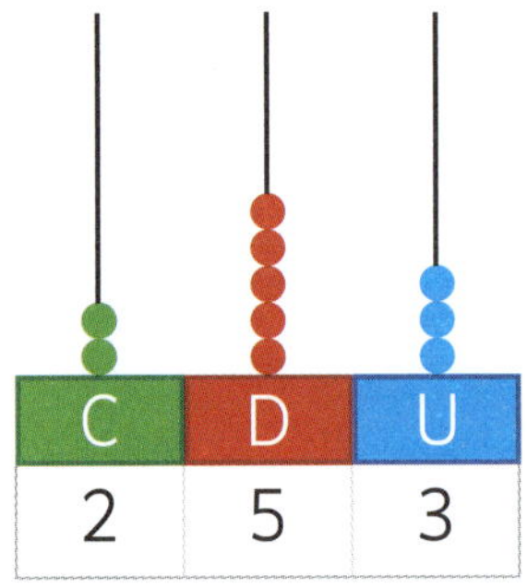

El número 253 se descompone así:

253 → 2 C + 5 D + 3 U

253 → 200 + 50 + 3

Y se lee así: doscientos cincuenta y tres.

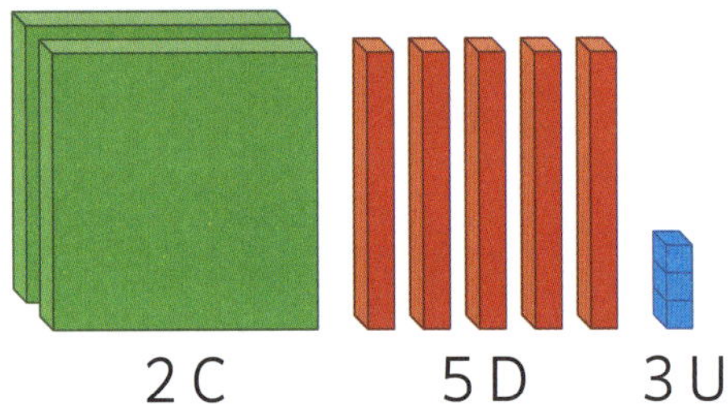

1 Descompón estos números como en el ejemplo.

327	3 C + 2 D + 7 U
	300 + 20 + 7

409	

840	

999	

2 Continúa la serie.

3 Observa el ejemplo y escribe cómo se leen estos números.

215 → 200 + 10 + 5 → Doscientos quince

421 → ...... + ... + ...

503 → ...... + ... + ...

640 → ...... + ... + ...

4 ¿Qué edad tiene cada árbol? Ordena las cifras y averígualo.

......

......

5 Descompón y escribe cómo se leen estos números.

606	870	391	989	514	700

Resuelvo operaciones Sumas con llevadas

¿Cómo sumamos 146 + 365?

1. Sumamos las unidades y llevamos la decena.

$$\begin{array}{r} ^{1} \\ 1\,4\,6 \\ +\;3\,6\,5 \\ \hline 1 \end{array}$$

2. Sumamos las decenas y llevamos las centenas.

$$\begin{array}{r} ^{1}\,^{1} \\ 1\,4\,6 \\ +\;3\,6\,5 \\ \hline 1\,1 \end{array}$$

3. Sumamos las centenas.

$$\begin{array}{r} ^{1}\,^{1} \\ 1\,4\,6 \\ +\;3\,6\,5 \\ \hline 5\,1\,1 \end{array}$$

1 Coloca en torre y resuelve estas sumas.

236 + 74

434 + 299

396 + 275

188 + 66

575 + 247

29 + 189

2 Escribe los sumandos y resuelve.

↓ ……………

↓ ……………

3 Mira cómo resuelve Irene esta suma. Inténtalo tú.

253 + 155

253 → 200 + 50 + 3
155 → 100 + 50 + 5

…… + …… + …… = ……

439 + 271

439 → …… + …… + ……
271 → …… + …… + ……

…… + …… + …… = ……

4 ¿Cuántos envases se han recogido en total? Resuelve y escribe cómo se lee.

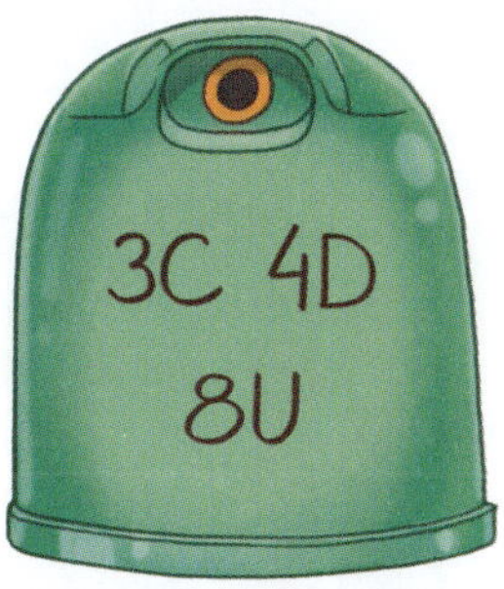

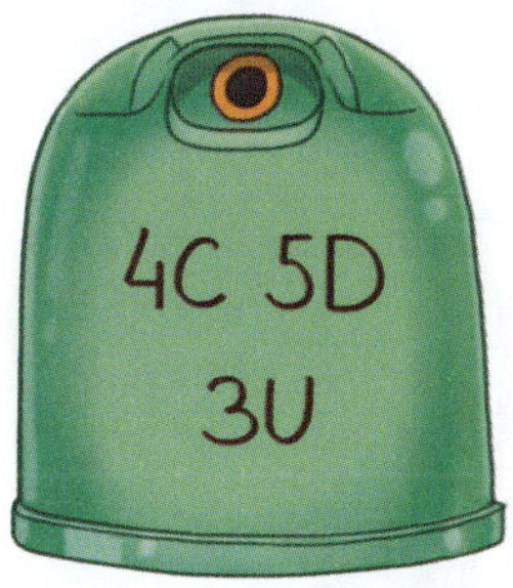

▶ Recogen ______________________ envases.

Resuelvo operaciones Restas con llevadas

Los 25 niños de la clase de Irene van a plantar un bulbo de tulipán. Tienen 32 bulbos, ¿cuántos sobrarán?

Para averiguarlo restamos 32 – 25.

A 32 tenemos que quitarle 25.

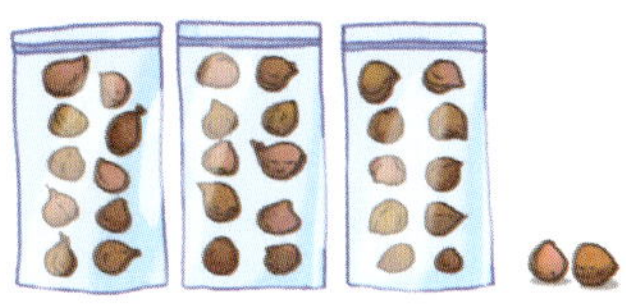

1. Colocamos los números.

$$\begin{array}{r} 3\ 2 \\ -\ 2\ 5 \\ \hline \end{array}$$

Podemos quitarle 20 pero para quitarle otras 5, hay que abrir un paquete.

2. Preparamos la resta cambiando 1 D por 10 U.

$$\begin{array}{r} {\scriptstyle 2}\quad \\ \not{3}\ {}^{1}2 \\ -\ 2\ 5 \\ \hline \end{array}$$

Ahora podemos quitarle 5.

3. Restamos las unidades y las decenas.

$$\begin{array}{r} {\scriptstyle 2}\quad \\ \not{3}\ {}^{1}2 \\ -\ 2\ 5 \\ \hline 0\ 7 \end{array}$$

▶ Les sobran 7 bulbos de tulipán.

1 Observa y resta.

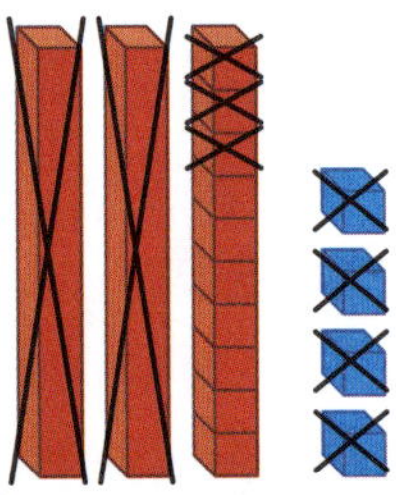

$$\begin{array}{r} 3\ 4 \\ -\ 2\ 7 \\ \hline 0\ 7 \end{array}$$

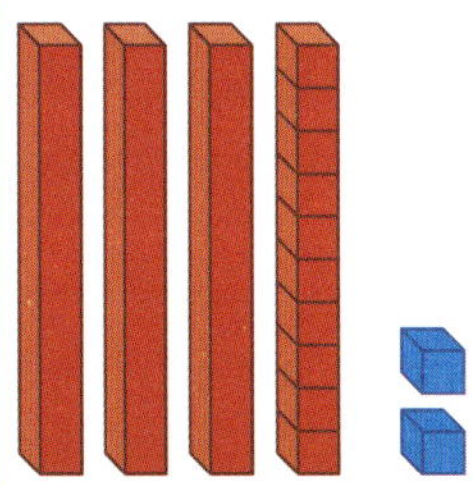

$$\begin{array}{r} 4\ 2 \\ -\ 1\ 9 \\ \hline \dots \end{array}$$

$$\begin{array}{r} 2\ 3 \\ -\ \ 8 \\ \hline \dots \end{array}$$

2 ¿Es necesario preparar todas estas restas? Resuelve y rodea las que has tenido que preparar.

$$\begin{array}{r} 42 \\ -\ 21 \\ \hline \end{array} \qquad \begin{array}{r} 56 \\ -\ 39 \\ \hline \end{array} \qquad \begin{array}{r} 71 \\ -\ 52 \\ \hline \end{array} \qquad \begin{array}{r} 87 \\ -\ 41 \\ \hline \end{array}$$

3 Ismael tiene 4 bolsitas con 10 semillas cada una pero solo va a plantar 17 semillas. ¿Qué tiene que hacer? Explica y resuelve.

▶ *Le sobran .... semillas.*

4 Averigua los términos, coloca en torre y resuelve.

4 D y 5 U – 2 D y 8 U

7 D – 5 D y 1 U

3 D – 9 U

5 Transforma y resuelve la resta.

Minuendo: 4 D y 1 U

Sustraendo: dieciocho

Resuelvo operaciones Propiedad conmutativa

En casa de Irene van a adornar un árbol artificial para Navidad y así los árboles de verdad podrán seguir haciéndose viejos.

¿Cuántas bolas usan?

14 + 13 = 27 13 + 14 = 27

No importa en qué orden se haga la suma, el resultado es el mismo.
Es la propiedad conmutativa.

▶ Usan 27 bolas.

1 Colorea del mismo color las sumas que dan el mismo resultado.

14 + 27	17 + 24
145 + 327	372 + 154
154 + 372	27 + 14
24 + 17	327 + 145

2 Completa y comprueba que se cumple la propiedad conmutativa.

17 + 4 = 4 + 17 = 21

25 + 13 = ... + ... = ...

.... + 30 = ... + 10 = 40

.... + 8 = ... + 10 = ...

3 Si Marta come 3 polvorones por la mañana y 2 por la tarde y tú 2 por la mañana y 3 por la tarde, ¿quién come más polvorones? ¿Por qué?

Resuelvo operaciones Propiedad asociativa

La madre de Irene ha llegado con 3 bolas más. ¿Cuántas hay ahora?

14 13 3

Para saberlo sumamos

14 + 13 + 3

Suma dos de ellos, los que quieras, y luego el tercero. Es la propiedad asociativa.

14 + 13 + 3 = 30	14 + 13 + 3 = 30	14 + 3 + 13 = 30
27 + 3 = 30	14 + 16 = 30	17 + 13 = 30

▶ Ahora hay 30 bolas en el árbol.

1 Observa y comprueba que se cumple la propiedad asociativa.

4 + 6 + 3	4 + 6 + 3	4 + 3 + 6
10 + 3 = 13	____ + ____ = ____	____ + ____ = ____
17 + 3 + 7	17 + 3 + 7	17 + 7 + 3
____ + ____ = ____	____ + ____ = ____	____ + ____ = ____

2 ¿Y si en vez de tres números tienes que sumar cuatro? Asócialos de 2 en 2 y luego suma.

8 + 2 + 4 + 3 = 10 + 7 = 17

7 + 10 + 3 + 5 = ____ + ____ = ____

18 + 14 + 2 + 6 = ____ + ____ = ____

Mido Centímetro y metro

Irene da grandes zancadas para ver cómo es de larga su clase. ¿Cuántas zancadas mide su clase de largo? ¿Cuántos metros son?

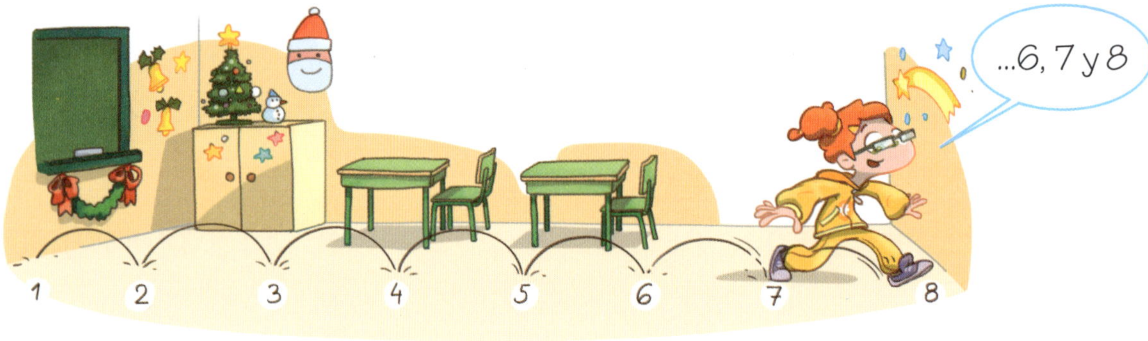

Las zancadas de Irene miden aproximadamente 1 metro.

▶ Su clase mide aproximadamente 8 metros de largo. Se escribe 8 m.

¿Y cómo puede Irene medir su lápiz?

Puede utilizar la regla. Las cosas pequeñas se miden en centímetros.

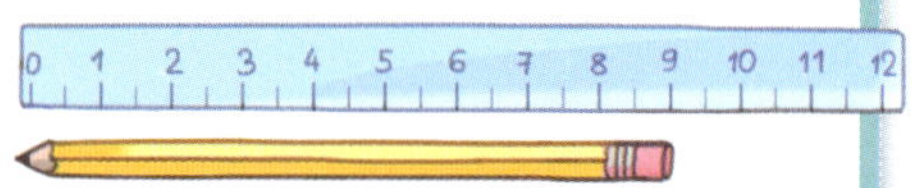

▶ Su lápiz mide 9 centímetros. Se escribe 9 cm.

1 Rodea de ◯ lo que mides en metros y de ◯ lo que mides en centímetros.

2 ¿Cuántas piezas azules juntas son tan largas como tu cinta métrica?

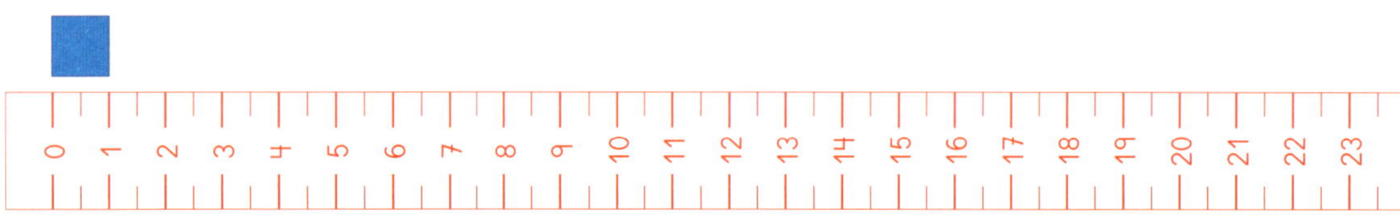

.... piezas caben en 1 metro → 100 cm = 1 m

Mido Kilómetro

Irene vive lejos del colegio y va en coche con sus padres. ¿Medirá la distancia en metros?, ¿en centímetros?

▶ Para medir distancias muy largas utilizamos el kilómetro. Se escribe km.

1 Completa con la unidad correspondiente.

- Hay 210 ______ entre Sevilla y Badajoz.
- Mi libro mide 29 ______ de alto.
- Mi habitación tiene 3 ______ de ancho.

2 Marca con ✓ los sitios a los que Irene puede ir andando y con ✗ a los que no puede.

- ☐ De casa al cole: 150 m.
- ☐ De casa de los abuelos al cine: 20 m.
- ☐ Del cole al hospital: 18 km.
- ☐ Del parque al polideportivo: 6 km.

3 Utiliza la regla y averigua cuántos centímetros mide en total esta línea poligonal y escribe V o F.

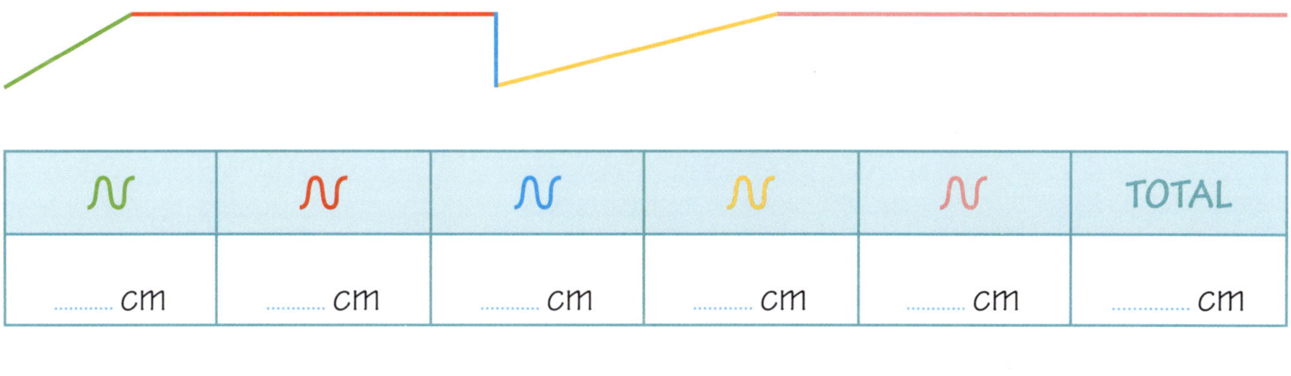

					TOTAL
...... cm	...... cm	...... cm	...... cm	...... cm	...... cm

- ☐ En total mide más de 1 m.
- ☐ En total mide menos de 1 m .

Conozco las figuras Los ángulos

A Irene le han explicado que dos rectas al cortarse forman ángulos.

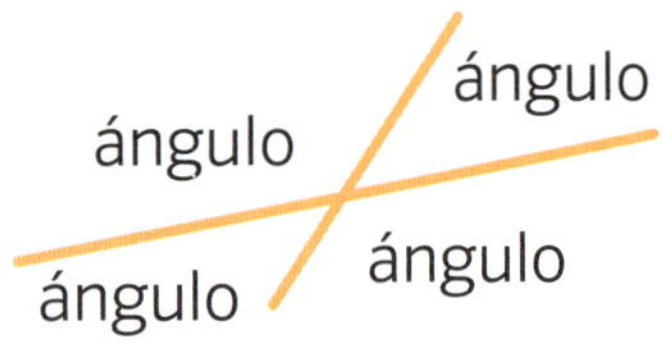

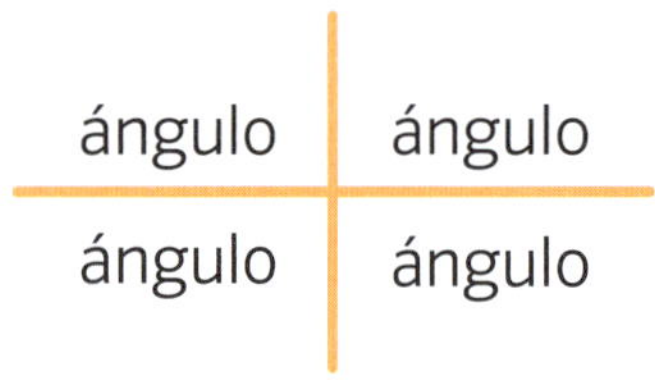

¿Cómo debe ser el ángulo que forman el respaldo y el asiento para que Irene cuide su espalda?

Ángulo recto

Ángulo agudo

Más cerrado que el ángulo recto

Ángulo obtuso

Más abierto que el ángulo recto.

▶ La mejor posición para la espalda de Irene es con el respaldo y el asiento formando un ángulo recto.

1 Repasa: ángulo agudo ángulo recto ángulo obtuso

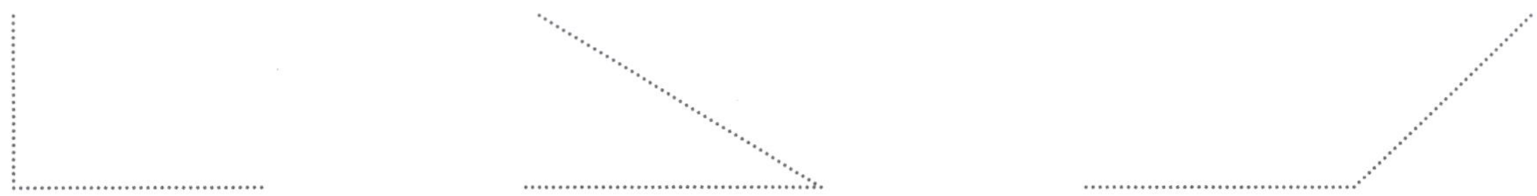

2 Gira y continúa la serie.

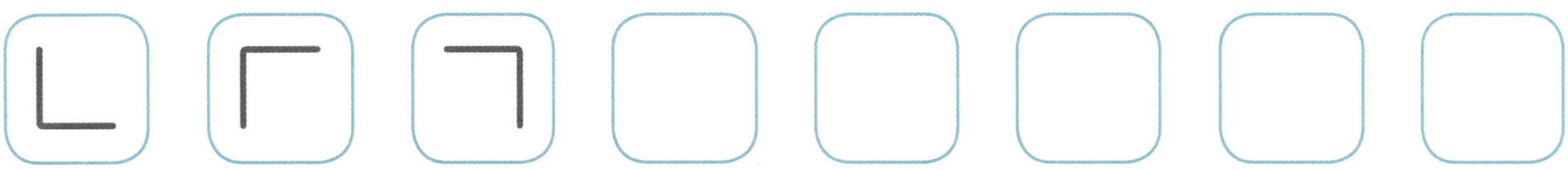

3 Escribe qué tipo de ángulo forman estos dedos.

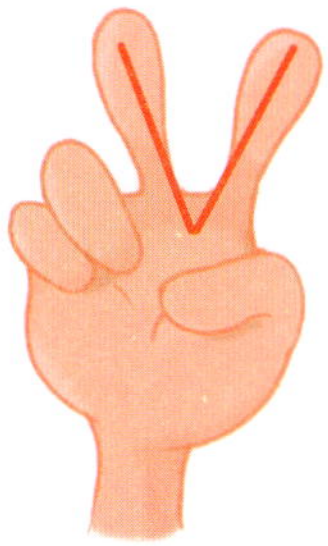 ______________ 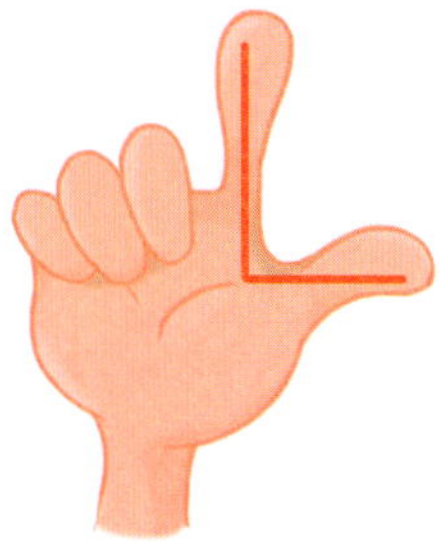 ______________

- ¿Eres capaz de formar un ángulo obtuso con una mano? ¿Y con las dos?

4 Dibuja lo que falta y transforma.

En ángulo agudo

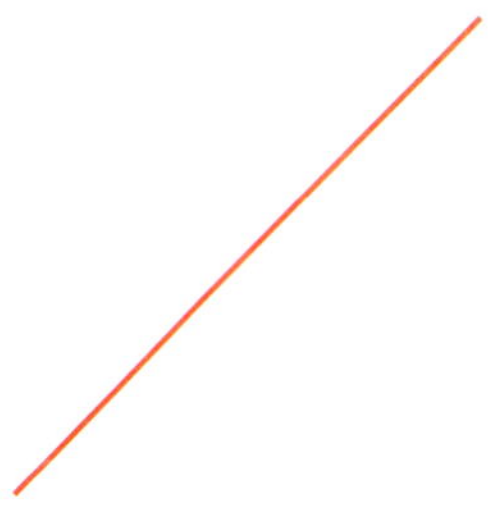

En ángulo obtuso

En ángulo recto

5 Dibuja dos rectas paralelas y otra perpendicular que las corte. ¿De qué tipo son los ángulos que se forman?

Son ______________

Aprendo a resolver problemas

1 Lee y elige cuál es la respuesta más lógica.

- Un ciclista salió de ruta el fin de semana. El viernes recorrió 54 km, el sábado, 106 km, y el domingo, 72 km. ¿Cuántos kilómetros recorrió en total?

☐ 160 kg ☐ 35 km ☐ 232 km ☐ 132 m

- La finca de Inés mide 63 m de largo, y la de Ana, 75 m. ¿Cuánto más mide la finca de Ana?

☐ 138 m ☐ 138 km ☐ 12 m ☐ Un poco menos

- En su granja, Pedro tiene 77 vacas y quiere llegar a tener 95. ¿Cuántas vacas tiene que comprar?

☐ 18 vacas ☐ 100 vacas
☐ 20 gallinas ☐ ninguna

2 Lee, elige la respuesta lógica y resuelve para comprobarlo.

- Todos los meses gastamos 70 € de luz, 35 € de agua y 66 € de gas. ¿Cuánto gastamos en total en dos meses?

☐ 171 € ☐ 171 m ☐ 342 litros ☐ 342 €

Gastamos .... € de luz.

Gastamos .... € de agua.

Gastamos .... € de gas.

Resuelvo problemas

1 En un invernadero había 376 mariposas y se han escapado 145. ¿Cuántas mariposas quedan ahora?

Había .... mariposas.

Se han escapado ....

▶ ______

2 Los habitantes de Bosqueclaro han plantado hayas durante dos fines de semana. El primero plantaron 308, y el segundo, 204. ¿Han conseguido plantar 500 hayas?

1º fin de semana ....

2º fin de semana ....

Han plantado .... hayas. .... ◯ 500

▶ ______

3 En la huerta han crecido 90 lechugas. Ya han recogido 76. ¿Cuántas quedan por recoger?

Han crecido ....

Han recogido ....

▶ ______

Repaso

1 Descompón y escribe cómo se leen.

427 = 400 + 20 + 7 → Cuatrocientos veintisiete

161 = ... + ... + ... →

508 = ... + ... + ... →

720 = ... + ... + ... →

2 Averigua qué números son y súmalos.

3 C + 4 D + 2 U

4 C + 2 D + 9 U

3 Realiza estas restas. Prepáralas si es necesario.

43	99	50	77
− 19	− 32	− 25	− 69
......	......	......	......

4 ¿Cuántos ángulos hay?

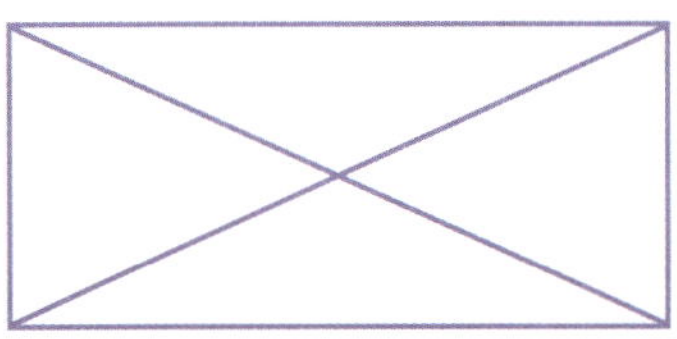

Hay ...... ángulos.

5 Completa con *conmutativa* o *asociativa*.

23 + 32 = 32 + 23 Propiedad ____________

3 + 4 + 5 = 3 + 4 + 5 Propiedad ____________

6 Une con flechas.

km	• Lo que mide una boa.
m	• Lo que mide mi dedo.
cm	• Distancia entre París y Roma.

7 En esta calculadora no funciona la tecla del 2.
Explica cómo resolver 200 + 220.

____

____

Cálculo mental

Quiero ser como tú. Del 34 al 64.

64 – 34 = 30

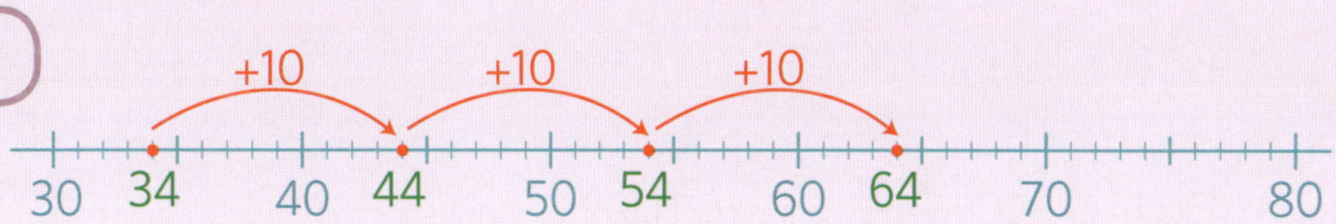

- Ahora hazlo tú.

65 – 45 = ...   87 – 17 = ...

48 – 38 = ...   72 – 42 = ...

Ponte a prueba

Héctor tiene 7 años. Ha ido al médico y lo han medido. Observa la tabla que tiene el pediatra en la consulta.

- Héctor mide 119 cm. ¿Ha crecido todo lo que tenía que crecer para su edad o todavía le falta?

- En un año ha crecido 5 cm. ¿Cuánto medía el año pasado?

  .... ◯ .... = ...

  ▶

- Héctor llegó al colegio con 4 años. ¿Cuánto ha crecido desde entonces? Mira la tabla.

  Ahora: .... cm.

  Con 4 años: .... cm.

  ▶ Ha crecido .... cm.

- ¿Cuántos centímetros mides tú? .... cm.

  ¿Es más o menos de lo que marca la tabla para tu edad?

Tarea final
Por muchos años

Irene y sus amigos han descubierto que muchos árboles del bosque llevan cientos de años allí... ¡Y tienen que seguir ahí por muchos años más! ¿Quieres aportar tu grano de arena?

PASO 1 Busca información, con ayuda de tu profesor, de un tipo de árbol que viva más de 100 años.

- ¿Qué árbol es? ______
- ¿Cuántos años puede vivir? .... años.

PASO 2 Escribe cómo se leen los años del árbol y calcula cuántos años sumáis entre los dos.

______

PASO 3 En equipos de cuatro, haced una señal rectangular de 30 cm de ancho y 10 cm de alto y escribid en ella 4 normas para conseguir que los árboles vivan muchos años.

Comprueba lo que has aprendido

Test

¿Qué has aprendido? Realiza el test y compruébalo.

1. Marca todas las respuesta que son correctas en cada caso.

- El número anterior a 75 es:

  ☐ 7 D y 4 U ☐ 5 D y 24 U ☐ 2 D y 44 U ☐ 6 D y 14 U

- El número 327 se escribe así:

  ☐ Trescientosveintisiete ☐ Trescientos veintisiete

  ☐ Tres cientos veintisiete ☐ Trescientos veinte y siete

- 37 + 43 es lo mismo que:

  ☐ 70 + 10 ☐ 70 ☐ 30 + 40 + 10

- El número 76:

  ☐ Está entre 70 y 80 y más cerca de 70.

  ☐ Está entre 70 y 80 y más cerca de 80.

2. Comprueba y tacha las operaciones que están mal resueltas.

$$\begin{array}{r} 894 \\ -\ 172 \\ \hline 722 \end{array} \qquad \begin{array}{r} 298 \\ +\ 172 \\ \hline 460 \end{array} \qquad \begin{array}{r} 76 \\ -\ 58 \\ \hline 12 \end{array} \qquad \begin{array}{r} 39 \\ 13 \\ +\ 29 \\ \hline 81 \end{array}$$

3. ¿Cuál es la línea poligonal cerrada?

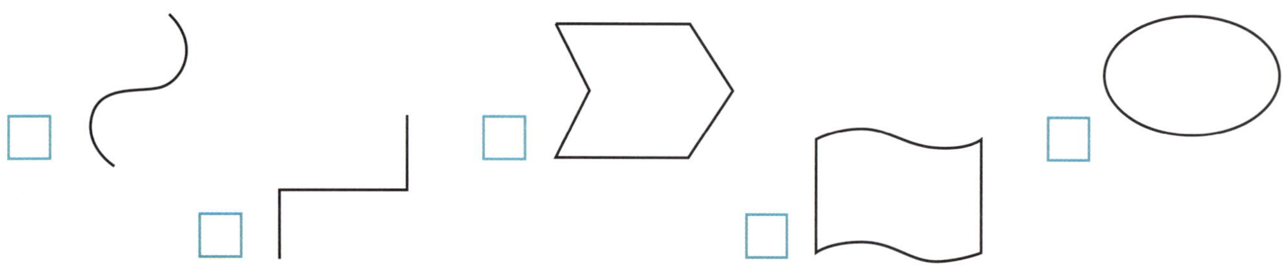

Decoramos la Navidad

El colegio de Irene está quedando precioso con la decoración navideña. Van a colocar espumillón de colores por todo el pasillo, pintar un mural y decorar el árbol.

- Irene ha medido el pasillo a grandes zancadas y ha dado 8.

¿Cuánto mide el pasillo aproximadamente si una zancada es casi 1 metro?

¿Y si lo mide el profesor? ¿Dará más o menos zancadas? ¿Por qué?

- Irene tiene que coger pintura para hacer el mural.
  ¿En que recipiente le cabrá más? Rodea.

- Los alumnos han traido 2 tipos de adornos para el árbol. Observa la balanza y responde V o F.

- ☐ 2 bolas pesan lo mismo que 1 estrella.
- ☐ 1 estrella pesa menos que 1 bola.
- ☐ 3 bolas pesan más que 2 estrellas.
- ☐ 8 bolas pesan igual que 4 estrellas.

Disfrutamos con las plantas

PROYECTO TRIMESTRAL
Descubrimos la naturaleza

¡Llegan nuevas amigas!

Imagina que tienes una floristería, ¿qué flor o planta sería tu preferida? Sigue las instrucciones y dibújala.

- Debe estar encima de una mesa.
- Dibuja una planta más alta a un lado y una más baja al otro.
- Dibuja una regadera debajo de la mesa.

1 A tu floristería acaban de llegar violetas, margaritas y rosas. ¿Cuántas flores han llegado de cada tipo?

- El número de violetas es 1 C, 3 D, 5 U.

- El número de rosas rojas es el número más grande que puedes formar con las cifras: 3, 0 y 5.

- El número de margaritas es el número más pequeño que puedes formar con las cifras: 4, 2, y 2.

2 Busca cómo es cada flor y dibújalas en los tiestos. Empieza por las flores más numerosas y escribe sus nombres.

 >  > 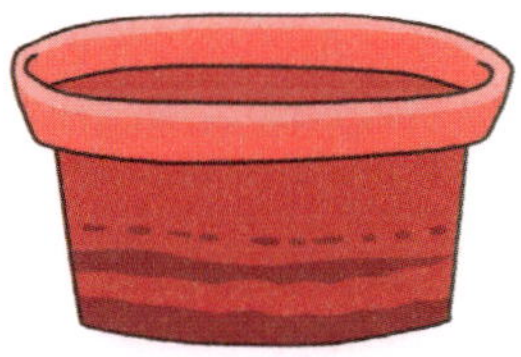

Nombre: .... Nombre: .... Nombre: ....

3 Si a lo largo del día vendes 78 violetas, 110 margaritas y 233 rosas. ¿Cuántas flores quedan de cada tipo? ¿Cuántas flores quedan en total en la tienda? Usa tu cuaderno.

Quedan .... violetas.

Quedan .... margaritas.

Quedan .... rosas.

Quedan .... flores en total.

El libro Matemáticas para **2.º de Primaria** forma parte del Proyecto Editorial de Educación Primaria de SM. En su realización ha participado el siguiente equipo:

Autoría
Javier Bernabeu, Aurora Bellido, Mercedes Garín, Francisco Morales, José Manuel Vidal, María Nila Pérez, Juan Miguel Hidalgo, Vicente Moratalla

Edición
Cristina Ulloa, Jesús Macías, Natividad Juarros

Corrección
Javier López

Ilustración
Alya Mark, Macus Romero, Juan Antonio Rocafort, David Arumi, Gusti (Cubierta)

Fotografía
ARCHIVO SM; iStock

Edición gráfica
María Pía Hidalgo

Diseño de cubierta e interiores
Estudio SM

Responsable del proyecto
Javier Bernabeu, Jesús Macías

Coordinación de contenidos digitales
Mara Mañas

Coordinación editorial de Matemáticas
Josefina Arévalo

Coordinación editorial de Primaria
Nuria Vallina, Nuria Corredera

Dirección de Arte del proyecto
Mario Dequel

Dirección editorial
Aída Moya

Ilustración de cubierta de Gusti, del libro *Versos para contar*, SM, 2012.

Gestión de las direcciones electrónicas
Debido a la naturaleza dinámica de internet, SM no puede responsabilizarse de los cambios o las modificaciones en las direcciones y los contenidos de los sitios web a los que remite en este libro.

Con el objeto de garantizar la adecuación de las direcciones electrónicas de esta publicación, SM emplea un sistema de gestión que redirecciona las URL que con fines educativos aparecen en la misma hacia diversas páginas web; entre otras de uso frecuente: http://es.wikipedia.org, www.youtube.es. SM declina cualquier responsabilidad por los contenidos o la información que pudieran albergar, sin perjuicio de adoptar de forma inmediata las medidas necesarias para evitar el acceso desde las URL de esta publicación a dichas páginas web en cuanto tenga constancia de que pudieran alojar contenidos ilícitos o inapropiados. Para garantizar este sistema de control es recomendable que el profesorado compruebe con antelación las direcciones relacionadas y que comunique a la editorial cualquier incidencia a través del correo electrónico ediciones@grupo-sm.com.

Cualquier forma de reproducción, distribución, comunicación pública o transformación de esta obra solo puede ser realizada con la autorización de sus titulares, salvo excepción prevista por la ley. Diríjase a CEDRO (Centro Español de Derechos Reprográficos, www.cedro.org) si necesita fotocopiar o escanear algún fragmento de esta obra.

© Ediciones SM
Impreso en la UE / *Printed in EU*

Este libro está impreso en papel procedente de bosques gestionados de manera sostenible.

Savia

matemáticas

sm

TERCER trimestre

2 primaria

Índice

Comenzamos

¡Me he dormido!

¡Juan se ha dormido! Entra a las nueve a clase y su reloj se ha estropeado, ¡se le ha caído la aguja de los minutos y no sabe qué hora es! Observa y marca la respuesta correcta.

- ☐ Son más de las nueve.
- ☐ Son entre las ocho y las nueve.
- ☐ Es antes de las ocho.
- ☐ Son más de las diez.

El muro está enladrillado, ¿quién lo desenladrillará?

Completa el muro sabiendo el valor de este ladrillo.

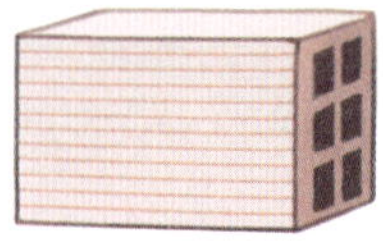 = 245

El rectángulo de oro

Usa la regla y une las letras siguiendo el orden. Después colorea como más te guste cada zona y responde.

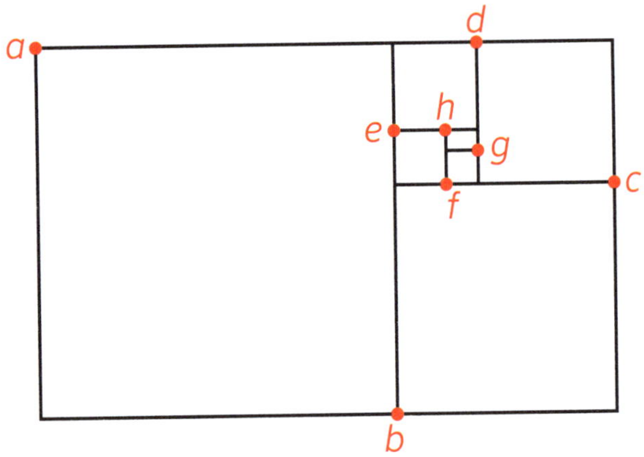

- Antes de unir los puntos, ¿cuántos cuadrados había dentro del rectángulo?
- Después de unir los puntos, ¿cuántos triángulos se han formado?
- ¿Qué tipo de línea se ha formado al unir los puntos?

En esta tómbola siempre toca

¿Qué le toca a cada niño?

¿Por qué crees que esta tómbola siempre toca?

Quien parte y reparte se lleva la mejor parte

En el equipo de Tania son 4. Su profesor les ha dado un montón de pinturas de distintos colores para que se las repartan. ¿Cuántas pinturas de cada color le corresponden a cada uno?

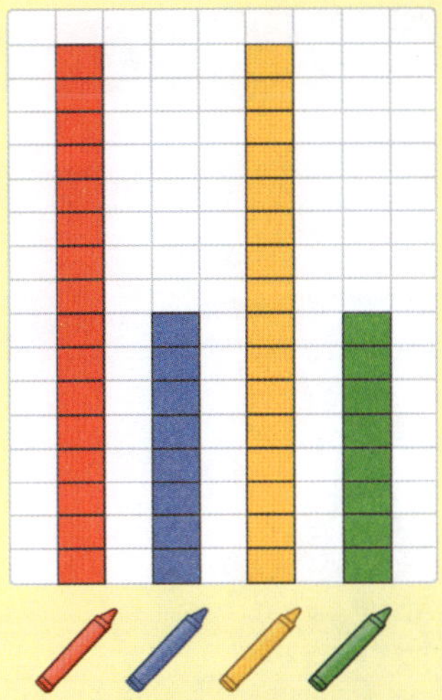

¡Hoy Julia se ha puesto mala y en el equipo son solo 3! ¿Cuántas pinturas sobrarán de cada color si se las reparten a partes iguales?

9 Un cuarto de hora

Hablamos y descubrimos

— Abuelo, aún no sé qué quiero ser de mayor.

— Todos los trabajos son importantes, Irene. Elige uno en el que puedas dar lo mejor de ti.

— Entonces, seré futbolista.

— Es una opción —responde el abuelo—, tienes mucho tiempo para pensarlo. En cambio, solo tenemos un cuarto de hora para llegar al colegio.

— ¡Vamos rápido, abuelo! No quiero llegar tarde a mi trabajo de ahora. También es importante.

1 ¿Qué le gustaría ser de mayor a Irene?

2 ¿Por qué no quiere llegar tarde?

3 Observa el reloj. ¿Qué hora marca?

4 ¿A qué hora empieza Irene las clases?

5 Dibuja otra maceta para que haya 12 tulipanes en total.

¡Qué importante es... valorar el trabajo de todos!

¿Qué quieres ser tú de mayor? ¿Por qué te parece importante ese trabajo?

Tarea final

Al acabar la unidad te convertirás en un verdadero relojero.

Resuelvo operaciones Las tablas del 1, 5 y 10

Irene ha llegado puntual a clase. Quería enseñar el trabajo que ha hecho en casa. Ha escrito en cartulinas las tablas del 1, del 5 y del 10.

De 1 en 1	De 5 en 5	De 10 en 10
1 × 0 = 0	5 × 0 = 0	10 × 0 = 0
1 × 1 = 1	5 × 1 = 5	10 × 1 = 10
1 × 2 = 2	5 × 2 = 10	10 × 2 = 20
1 × 3 = 3	5 × 3 = 15	10 × 3 = 30
1 × 4 = 4	5 × 4 = 20	10 × 4 = 40
1 × 5 = 5	5 × 5 = 25	10 × 5 = 50
1 × 6 = 6	5 × 6 = 30	10 × 6 = 60
1 × 7 = 7	5 × 7 = 35	10 × 7 = 70
1 × 8 = 8	5 × 8 = 40	10 × 8 = 80
1 × 9 = 9	5 × 9 = 45	10 × 9 = 90
1 × 10 = 10	5 × 10 = 50	10 × 10 = 100

1 ¿Qué puntuación ha salido en cada tirada? Exprésala en forma de suma y de multiplicación y completa.

...... + ... = ...

...... × ...... = ...

...... + ... + ... + ... + ... = ...

...... × ...... = ...

2 Colorea del mismo color las casillas que dan el mismo resultado.

1 × 10

10 × 3 | 10 × 5

10 × 1 | 5 × 10 | 5 × 2

1 × 30 | 1 × 50

5 × 6

3 ¿Has visto el título que ha puesto Irene a cada tabla? Continúa contando de 1 en 1, de 5 en 5 y de 10 en 10.

De 1 en 1
1 × 9 = 9
1 × 10 = 10
1 × 11 = 11
1 × 12 = ...
1 × 13 = ...
1 × 14 = ...
1 × 15 = ...

De 5 en 5
5 × 9 = 45
5 × 10 = 50
5 × 11 = 55
5 × 12 = ...
5 × 13 = ...
5 × 14 = ...
5 × 15 = ...

De 10 en 10
10 × 9 = 90
10 × 10 = 100
10 × 11 = 110
10 × 12 = ...
10 × 13 = ...
10 × 14 = ...
10 × 15 = ...

4 Fíjate y responde V si es verdadero o F si es falso.

- Irene tiene más cromos que Aitor: ______
- Aitor tiene 40 cromos: ______
- Irene tiene 30 cromos: ______
- Con un sobre más, Aitor tendría 35 cromos: ______
- Con un sobre menos Irene tendría los mismos que Aitor: ______

5 Completa.

2 × 3 = ... 5 × 3 = ... 10 × 3 = ... 1 × 3 = ...

1 × 10 = ... 5 × 10 = ... 6 × 10 = ... 2 × 10 = ...

5 × 0 = ... 6 × 0 = ... 10 × 0 = ... 2 × 0 = ...

6 En un coche caben 5 personas. ¿Cuántas personas caben en 9 coches ? Dibuja y escribe en forma de suma y multiplicación.

Resuelvo operaciones Las tablas del 4 y del 8

Hoy van a aprender la tabla del 4 y del 8. Irene está emocionada. Les han dicho que si saben la del 2 y la del 4, ¡la del 8 sale sola!

Tabla del 4
(el doble de 2)

4 × 0 = 0
4 × 1 = 4
4 × 2 = 8
4 × 3 = 12
4 × 4 = 16
4 × 5 = 20
4 × 6 = 24
4 × 7 = 28
4 × 8 = 32
4 × 9 = 36
4 × 10 = 40

Tabla del 8
(el doble de 4)

8 × 0 = 0
8 × 1 = 8
8 × 2 = 16
8 × 3 = 24
8 × 4 = 32
8 × 5 = 40
8 × 6 = 48
8 × 7 = 56
8 × 8 = 64
8 × 9 = 72
8 × 10 = 80

1 Completa e inventa rimas.

4 × 1 es 4 y me pongo un zapato.
4 × 3 es .... y lo grito a ____________
4 × 5 es .... mira cuanta ____________
4 × 7 es .... y me como un ____________

8 × 1 es .... y no me queda ____________
8 × 4 es .... y tengo un poquito de ____________
8 × 5 es .... como un caramelo de ____________
8 × 8 es .... me pongo el otro ____________

2 Relaciona cada dibujo con la multiplicación que le corresponde y completa.

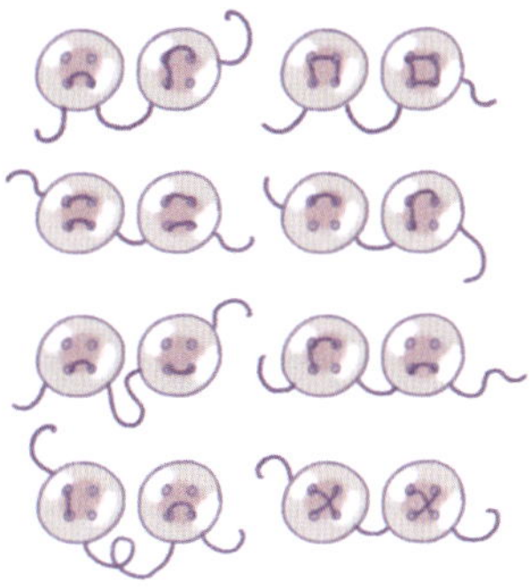
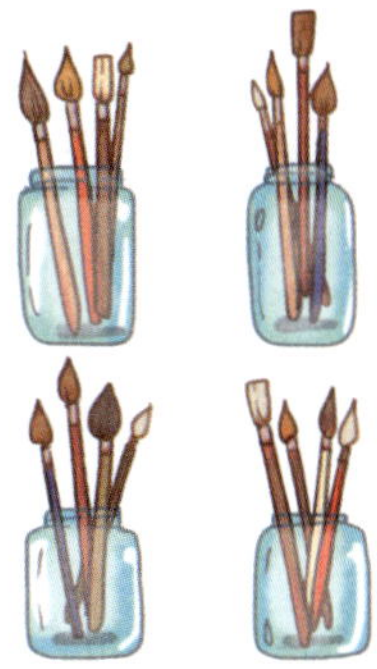
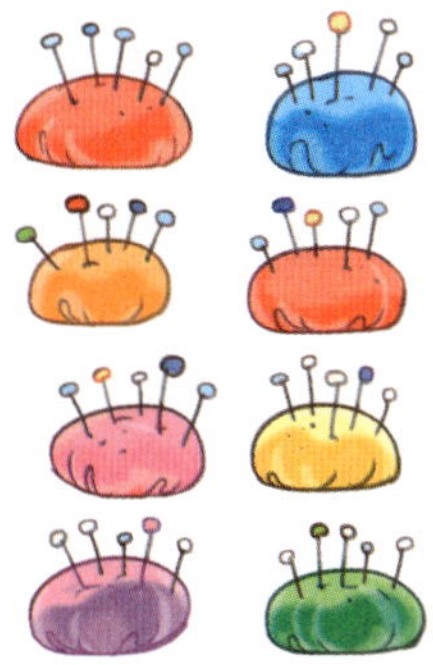

8 × 2	8 × 5	4 × 3	4 × 4
↓	↓	↓	↓
....	....	....	....

3 Une las etiquetas que tienen el mismo resultado.

4 × 2	8 × 3	5 × 8	6 × 3	8 × 2
4 × 4	4 × 10	2 × 9	8 × 1	4 × 6

4 Completa los números que faltan. Responde.

×	1	2	3	4	5
1	1				
2	2	4			
3	3	6	9		
4	4	8	12	16	
5	5	10	15	20	25

- ¿Por qué algunas casillas son del mismo color?

- ¿Qué propiedad se cumple en la tabla?

5 Escribe otras rimas para completar las tablas del 4 del 8 de la actividad 1.

Mido El reloj digital

Irene ha ido a la estación a esperar a su tía que viene en tren. Todavía faltan 15 minutos. ¿A qué hora llega el tren?

En el reloj digital la hora se lee:

11:00 → 15 minutos → 11:15 → 15 minutos → 11:30 → 15 minutos → 11:45

11 en punto — 11 y cuarto — 11 y media — 12 menos cuarto

▶ El tren llega a las doce menos cuarto.

1 Completa los relojes digitales con la hora que corresponde. Escribe cómo se lee.

2 Colorea las afirmaciones correctas.

Un cuarto de hora son 15 minutos.

Una hora son dos medias horas.

Dos cuartos de hora son una hora.

Una hora son cuatro cuartos de hora.

3 Une los relojes que marcan la misma hora.

4 Representa la misma hora en los dos relojes.

Las seis y cuarto

Las dos menos cuarto

5 Irene y su tía han estado 2 horas viendo una exposición. Observa y contesta.

- ¿A qué hora han entrado?

  ____

- ¿A qué hora han salido?

  ____

6 Dibuja dos relojes digitales. Escribe la hora a la que te levantas y la hora a la que te acuestas.

Conozco las figuras Figuras planas

La tía de Irene es artesana. Le ha traído piezas de madera de colores de diferentes formas. Fíjate en todas las que tiene.

1 ¿Qué figuras puede formar Irene con sus piezas? Marca.

2 Continúa la cenefa.

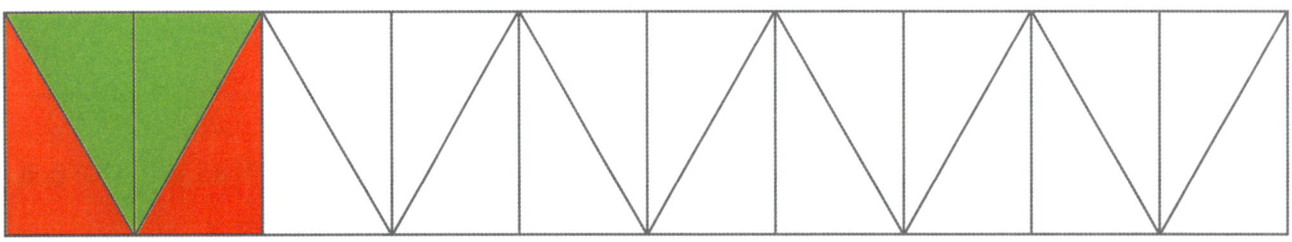

3 ¿Cuántos triángulos forman este cuadrado? Repasa y completa.

El cuadrado está formado
por .... triángulos.

- Ahora hay 8 triángulos, ¿eres capaz de verlos? Repasa.

4 Usa tu regla. Completa el paisaje para que haya:

7  2  3  3 

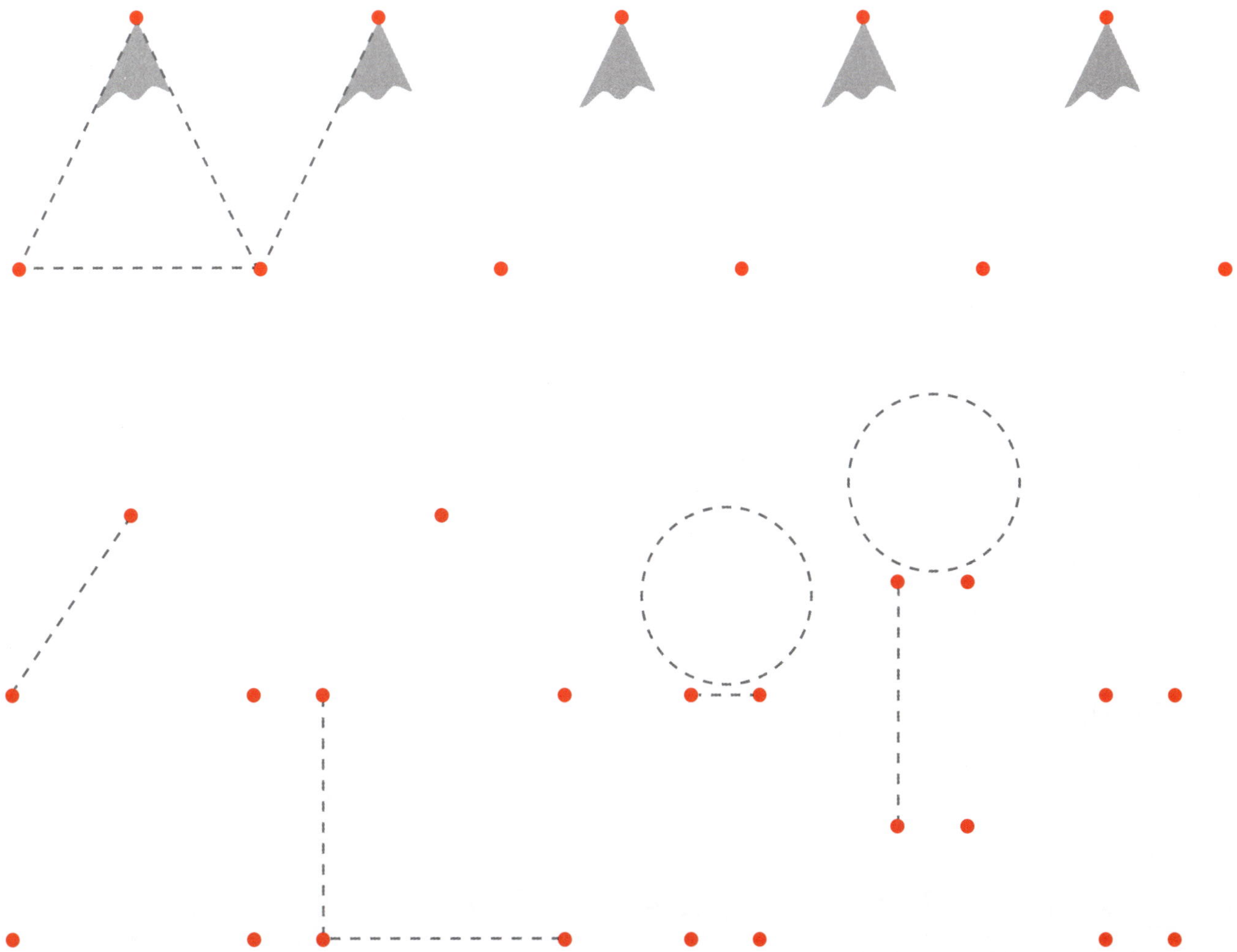

Resuelvo operaciones Repaso

1 Coloca en torre y resuelve.

347 + 128

320 − 69

800 − 651

524 − 398

209 + 191 + 216

2 ¿Cuánto se ha sumado cada vez en estas series? Escribe.

150 → 350 → 550 → 750 → ....

150 → 300 → 450 → 600 → ....

150 → 225 → 300 → 375 → ....

3 Escribe >, = o <.

3 × 2 ◯ 6 × 1	8 × 0 ◯ 1 × 1	5 × 2 ◯ 3 × 4
2 × 9 ◯ 9 × 3	6 × 4 ◯ 8 × 3	1 × 10 ◯ 10 × 0

4 Completa los números que faltan en estas sumas.

	1	2	3
		3	3
+	3		2
	5	9	

	2	1	5
	1	4	5
+			
	9	8	4

	6	0	2
		4	5
+	3		2
	9	7	

	2	5	5
	2	7	6
+	3		4
		3	

5 ¿Cómo puedes resolver 274 + 423 en una calculadora si no funcionan las teclas de 7 y del 3?

6 Averigua los términos. Calcula la diferencia. Después haz la prueba.

Minuendo	3 C + 16 U
Sustraendo	27 D

Minuendo	9 C
Sustraendo	1 C + 3 U

RESTA

PRUEBA

RESTA

PRUEBA

7 Ordena de menor a mayor y de mayor a menor. Escribe cómo se leen.

514 911 618 540 378

Aprendo a resolver problemas

1 Lee y numera para ordenar el problema.

☐ Y 13 gallinas más que gallos.

☐ Averigua cuántas aves hay.

☐ En una granja hay 5 gallos.

☐ ¿Cuántos amigos irán?

☐ 6 niños no pueden ir.

☐ Pedro ha llamado a 15 niños para invitarles a su cumpleaños.

☐ Su padre tiene el triple de años.

☐ Lorenzo tiene 15 años.

☐ Calcula la edad del padre.

2 Lee, numera para ordenar el problema y resuelve.

☐ Averigua cuántos puntos marcó el rival.

☐ El equipo de baloncesto del colegio ha marcado 25 puntos.

☐ Su rival el doble.

.... ◯ .... = ...

▶ ______________________________

Resuelvo problemas

1 Elisa tiene que preparar 4 bolsas con 7 tuercas en cada una. ¿Cuántas tuercas necesita?

...... ◯ ...... = ...

▶ ______________________

2 Un cuaderno cuesta 3 €. Jaime necesita 5 cuadernos. Averigua cuánto dinero necesita.

...... ◯ ...... = ...

▶ ______________________

3 En una librería hay 111 libros infantiles y el doble de libros de adultos.

- ¿Cuántos libros hay de adultos?

...... ◯ ...... = ...

▶ ______________________

- ¿Cuántos libros hay en total?

Libros infantiles: ......

Libros de adultos: ......

▶ ______________________

Repaso

1 Transforma en multiplicación. Resuelve.

.... × .... = ...

.... × .... = ...

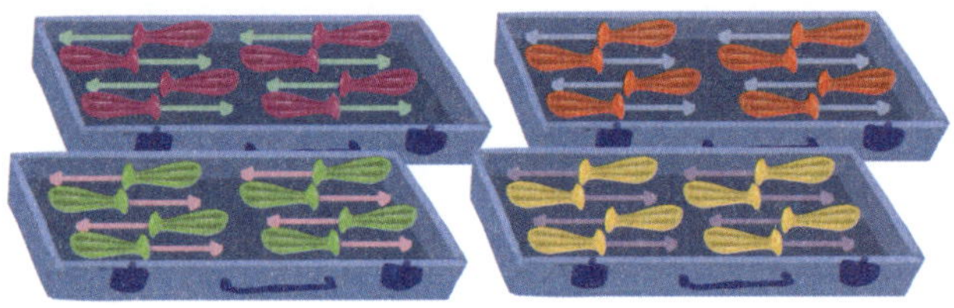

.... × .... = ...

2 Piensa y responde V si es verdadero o F si es falso.

- 8 estuches con 3 lápices cada uno son 24 lápices. ______
- 3 estuches con 8 lápices cada uno son 24 lápices. ______
- 10 estuches con 10 lápices cada uno es más de 1 centena de lápices. ______
- 5 estuches con 4 lápices son 2 decenas de lápices. ______
- 8 estuches con 9 lápices son 6 decenas y 12 unidades de lápices. ______

3 Garoé vive en Canarias. Allí es una hora menos. Su prima Gala vive en la península. Los dos están viendo la misma película. Completa los relojes.

Inicio película

Fin película

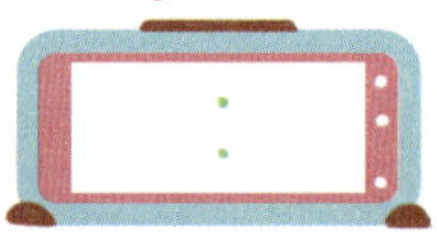

Inicio película

Fin película

4 Calcula.

$$\begin{array}{r} 561 \\ 245 \\ +\ \ 20 \\ \hline \end{array} \qquad \begin{array}{r} 760 \\ -\ \ 53 \\ \hline \end{array} \qquad \begin{array}{r} 294 \\ 40 \\ +\ 313 \\ \hline \end{array} \qquad \begin{array}{r} 518 \\ -\ 400 \\ \hline \end{array}$$

5 ¿Cómo colocarías estos dos triángulos para formar un cuadrilátero? Dibuja.

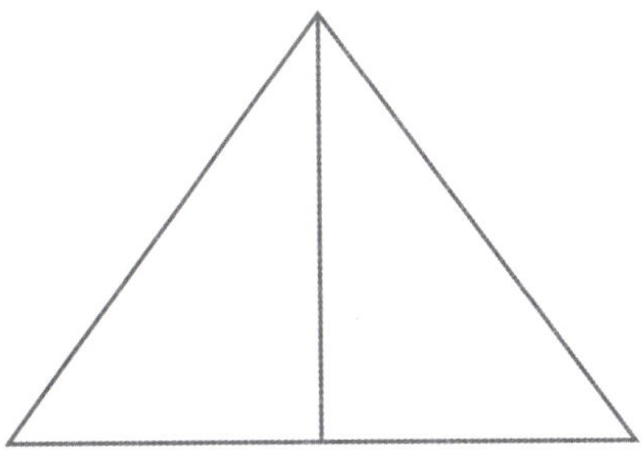

Cálculo mental

¿Quién es tu doble?

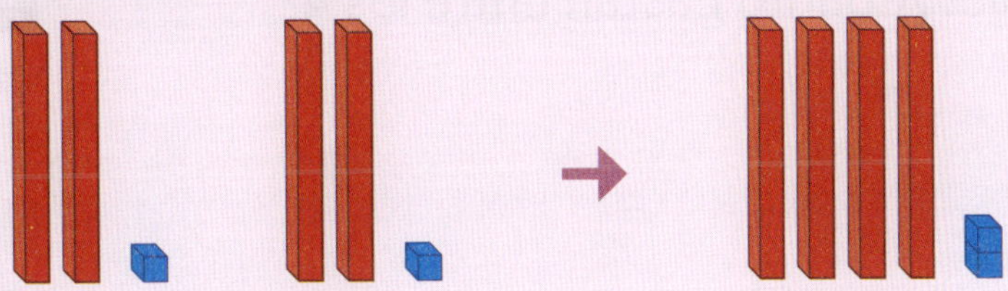

2 veces 21 = 42

- Ahora hazlo tú.

Doble de 14 = ... Doble de 24 = ... Doble de 32 = ...

Doble de 34 = ... Doble de 30 = ... Doble de 42 = ...

Ponte a prueba

Llegar puntual al trabajo es importante. Jorge, Mara, Pilar y Álex, son compañeros de trabajo y entran a trabajar a las 8:00h.

- Estos relojes marcan la hora a la que tienen que salir de casa. ¿Quién tarda más en llegar al trabajo?

Jorge Mara Álex Pilar

▶ ______________________________

- ¿Cuántos minutos tarda cada uno?

	Jorge	Mara	Álex	Pilar
Minutos				

- Todos van en transporte público. Cada uno gasta al día 3 € en el viaje. ¿Cuánto gastan entre los 4?

...... ◯ ...... = ...

▶ ______________________________

- ¿Cuánto gasta cada uno en transporte de lunes a viernes?

...... ◯ ...... = ... ▶ ______________________________

Tarea final
Tic-tac

En la clase de Irene les están enseñando la profesión de relojero. Hay que ser muy preciso y cuidadoso para que el reloj funcione a la perfección. ¿Quieres fabricar relojes?

PASO 1 Dibuja un gran círculo en una cartulina. Puedes utilizar un bol para hacerlo.

PASO 2 Dóblalo por la mitad y nuevamente por la mitad de modo que se marquen cuatro partes iguales.

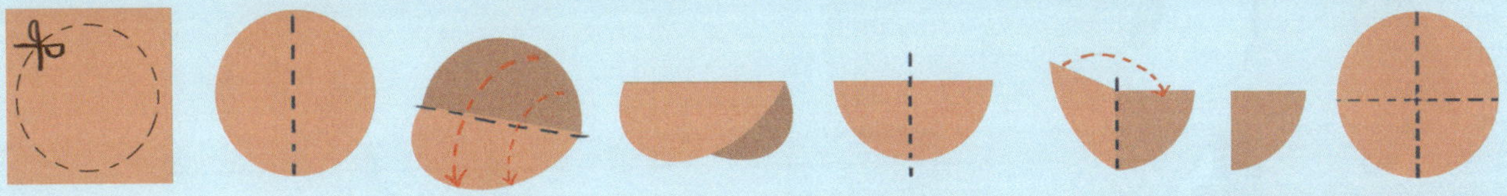

PASO 3 Los puntos marcados son el 12, el 3, el 6 y el 9. Escríbelos. Escribe luego los números que faltan entre ellos. Así tendrás los doce números del reloj.

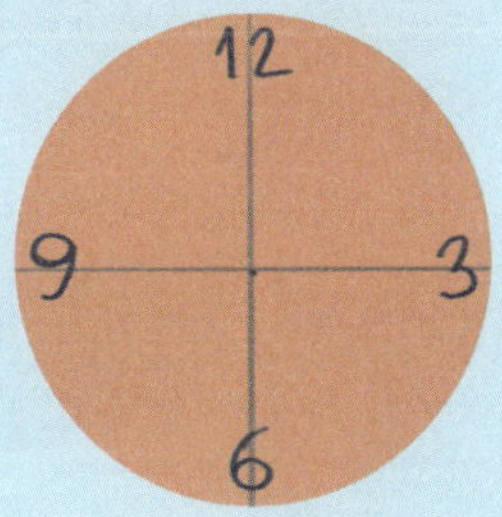

PASO 4 Fabrica dos agujas con el resto de cartulina que te sobró. Una aguja larga para los minutos y otra corta para las horas. Clávalas en el centro del círculo. ¡Ya tienes tu reloj de agujas!

PASO 5 Ahora, con ayuda de una regla, dibuja aquí un rectángulo y pinta en el centro dos puntos. ¡Ya tienes tu reloj digital!

PASO 6 Por parejas, representad una hora en el reloj de agujas y escribirla en vuestro reloj digital.

10 Amasar la tabla del 9

Hablamos y descubrimos

—¿Te imaginas que aprender las tablas de multiplicar fuera tan fácil cómo amasar pan? —dice Ismael lleno de harina.

Irene mira hipnotizada sus manos. De pronto, dobla uno de sus dedos y sonríe.

—¡Lo tengo! —grita entusiasmada—. ¡He encontrado la forma de resolver la tabla del 9 con los dedos!

—¡¿Cómo?! —se sorprende Ismael—. Espera a que me lave. Tengo los factores llenos de harina.

1 ¿Qué imagina Ismael? ¿Qué descubre Irene?

2 ¿Qué quiere decir que Ismael tiene *los factores llenos de harina*?

3 Si han metido en el horno 4 bandejas con 3 panes cada una. ¿Cuántos panes hay en total? Exprésalo como multiplicación.

4 ¿Qué hora marca el reloj de la imagen?

5 Rodea todos los objetos con forma de cubo.

¡Qué importante es... buscar nuevas posibilidades!

¿Por qué crees que Irene busca una nueva forma de aprender las tablas? ¿Has hecho tú algo parecido?

Tarea final

Al acabar la unidad descubriréis las posibilidades que tienen los cubos.

Resuelvo operaciones La tabla del 9

Irene ha encontrado la forma de resolver la tabla del 9 bajando dedos.

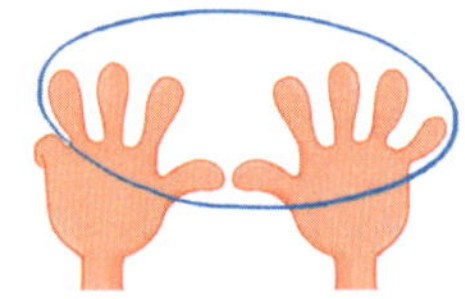

9 × 1 = 9

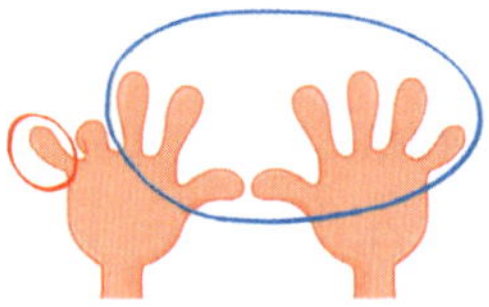

9 × 2 = 18

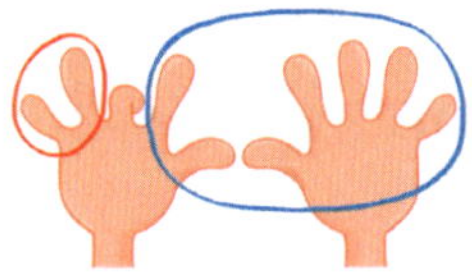

9 × 3 = 27

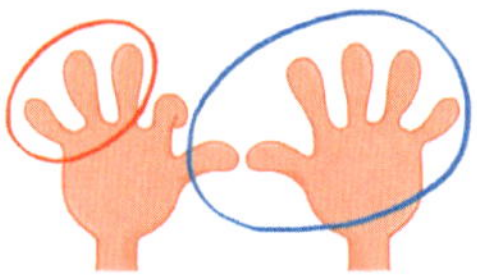

9 × 4 = 36

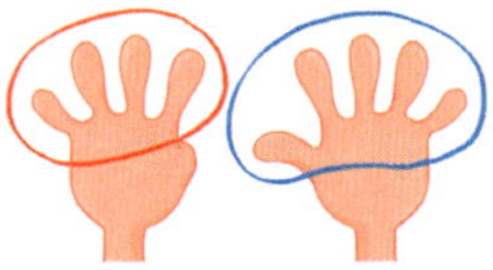

9 × 5 = 45

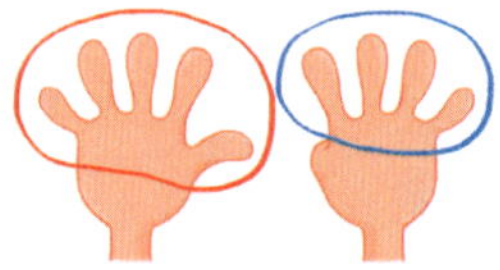

9 × 6 = 54

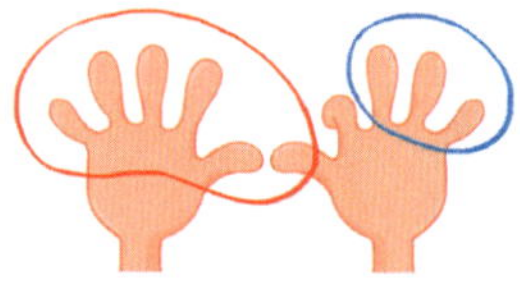

9 × 7 = 63

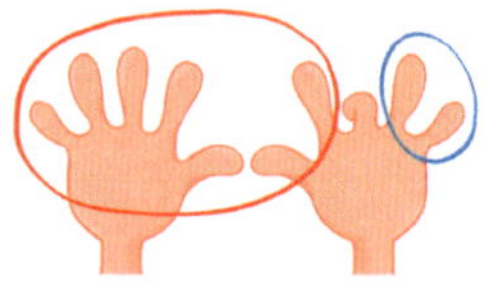

9 × 8 = 72

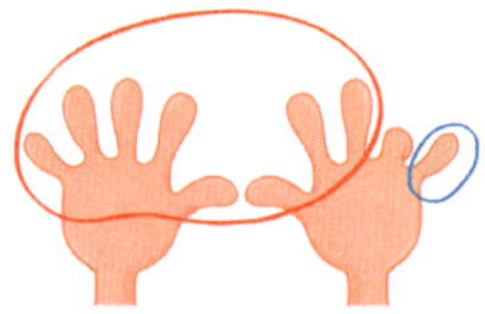

9 × 9 = 81

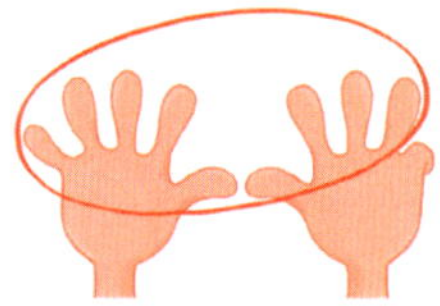

9 × 10 = 90

1 Resuelve y completa.

9 × 2 = ...	9 × 8 = ...	9 × 4 = ...	9 × 6 = ...
2 × 9 = ...	8 × 9 = ...	4 × 9 = ...	6 × 9 = ...

Los resultados de cada pareja coinciden porque se cumple la propiedad ....

2 Completa.

9 × 8 = ...	9 × .... = 27	.... × .... = 45
.... × 7 = 63	.... × .... = 81	.... × 2 = 18

3 Lee la explicación del profesor de Irene y resuelve.

Cualquier número, por grande que sea, multiplicado por cero da como resultado cero.

$3 \times 0 =$ .... $0 \times 89 =$ .... $0 \times 999 =$ ....

$0 \times 9 =$ .... $45 \times 0 =$ .... $500 \times 0 =$ ....

4 ¿Cuántos puntos ha conseguido Irene en la diana?

Si acierto en la zona roja consigo el doble de la puntuación.
En la zona verde consigo el triple.

Pelota roja → .... × .... = ...

Pelota azul → .... × .... = ...

Total → .... + ... = ...

5 Escribe <, > o = según corresponde.

9 × 4 ◯ 10 × 3	9 × 0 ◯ 10 × 0	4 × 7 ◯ 9 × 3
9 × 9 ◯ 8 × 7	5 × 4 ◯ 2 × 10	5 × 7 ◯ 6 × 6

6 Sigue los pasos y averigua a qué número se llega.

- **1.º** Multiplica 3 por 9.
- **2.º** Suma 3 al resultado.
- **3.º** Resta 20.
- **4.º** Multiplica por 9.

Resuelvo operaciones La tabla del 7

Al estudiar la tabla del 7, Irene descubre que sabe más de lo que pensaba.

¡7 x 2 es igual que 2 x 7 y esa me la sé!
¡7 x 3 es igual que 3 x 7 y esa me la sé!
¡7 x 4 es igual que 4 x 7 y esa me la sé!

1 Completa la tabla del 7. Utiliza los resultados que conoces.

0 × 7 = 0	→ 7 × 0 = ………	5 × 7 = ………	→ 7 × 5 = ………
1 × 7 = 7	→ 7 × 1 = ………	6 × 7 = ………	→ 7 × 6 = ………
2 × 7 = ………	→ 7 × 2 = ………	7 × 7 = ………	→ 7 × 7 = ………
3 × 7 = ………	→ 7 × 3 = ………	8 × 7 = ………	→ 7 × 8 = ………
4 × 7 = ………	→ 7 × 4 = ………	9 × 7 = ………	→ 7 × 9 = ………

2 Continua la serie.

70	63	56	………	………	………	………	………	………	………

3 Calcula mentalmente. Escribe el resultado.

El doble de 7 es ………

El triple de 7 es ………

Dos semanas son ……… días.

Tres semanas son ……… días.

4 ¿Qué posiciones ocupan los barcos? Observa y completa.

X	1	2	3	4	5	6	7	8	9	10
1	1	2	3	4	5	6	7	8	9	10
2	2	4	6	8	10	12	14	16	18	20
3	3	6	9	12				24	27	30
4	4	8	12	16	20	24	28	32	36	40
5	5	10	15		25	30	35	40	45	
6	6	12	18		30	36	42	48	54	
7	7	14	21		35	42	49	56	63	
8	8	16	24	32	40	48	56	64	72	
9	9	18	27	36					81	
10	10	20	30	40	50	60	70	80	90	

5 × 10 = 50
6 × 10 = 60
..... × ..... = ...
..... × ..... = ...
..... × ..... = ...
..... × ..... = ...

9 × 5 = 45
..... × ..... = ...
..... × ..... = ...
..... × ..... = ...

..... × ..... = ...
..... × ..... = ...
..... × ..... = ...

..... × ..... = ...
..... × ..... = ...
..... × ..... = ...

5 Averigua los números que faltan.

5 →(×7)→ ◯ →(+8)→ ◯ →(−33)→ ◯ →(×7)→ ◯

6 Cada uno de los 7 enanitos se comerá 4 caramelos. ¿Tendrán suficientes caramelos? ¿Cuántos sobran?

Resuelvo operaciones Multiplicar sin llevadas

¿Cuántas piezas tiene Irene en total?

Para saberlo puede sumar 34 + 34 o puede multiplicar 34 × 2.

34 × 2

Multiplica 2 por las unidades.

$$\begin{array}{r} 3\,4 \\ \times\ \ 2 \\ \hline 8 \end{array}$$

Multiplica 2 por las decenas.

$$\begin{array}{r} 3\,4 \\ \times\ \ 2 \\ \hline 6\,8 \end{array}$$

▶ En total tiene 68 piezas.

1 Fíjate en el ejemplo. Transforma y resuelve.

2 veces 32

$$\begin{array}{r} 3\,2 \\ +\ 3\,2 \\ \hline 6\,4 \end{array} \qquad \begin{array}{r} 3\,2 \\ \times\ \ 2 \\ \hline 6\,4 \end{array}$$

2 veces 124

+			

×			

2 veces 444

+			

×			

2 ¿Qué número se representa? Completa y resuelve.

El número .... está representado .... veces.

En forma de suma se escribe .... + ... = ...

Como multiplicación se escribe .... × .... = ...

3 Resuelve.

$$\begin{array}{r} 31 \\ \times\ 2 \\ \hline \ldots \end{array} \quad \begin{array}{r} 12 \\ \times\ 4 \\ \hline \ldots \end{array} \quad \begin{array}{r} 21 \\ \times\ 3 \\ \hline \ldots \end{array} \quad \begin{array}{r} 40 \\ \times\ 2 \\ \hline \ldots \end{array} \quad \begin{array}{r} 22 \\ \times\ 4 \\ \hline \ldots \end{array}$$

4 Observa cómo multiplica Irene. Descompón y multiplica.

23 × 3

$$\begin{array}{r} 20 + 3 \\ \times\ \ \ \ \ 3 \\ \hline 60 + 9 \end{array} \rightarrow 69$$

21 × 4

$$\begin{array}{r} 20 + 1 \\ \times\ \ \ \ \ 4 \\ \hline \ldots + \ldots \end{array} \rightarrow \ldots$$

33 × 3

$$\begin{array}{r} 30 + 3 \\ \times\ \ \ \ \ 3 \\ \hline \ldots + \ldots \end{array} \rightarrow \ldots$$

42 × 3

$$\begin{array}{r} 40 + 2 \\ \times\ \ \ \ \ 3 \\ \hline \ldots + \ldots \end{array} \rightarrow \ldots$$

Mido Relación horas, minutos y segundos

Los relojes de Irene y Aitor son diferentes pero marcan la hora en horas, minutos y segundos.

▶ Sus relojes indican 11 horas, 20 minutos y 34 segundos.

El segundo (s) es la unidad más pequeña de tiempo que marca el reloj.

1 minuto (m) son 60 segundos.

1 hora (h) son 60 minutos.

1 Completa.

- 1 hora es igual a .... minutos.
- 60 ______________ más 60 ______________ son 2 horas.
- 120 ______________ menos 60 ______________ es un minuto.

2 Une las parejas que forman un minuto.

30 segundos	50 segundos
40 segundos	30 segundos
10 segundos	20 segundos

3 ¿Qué unidad de tiempo hay que usar para medir estas acciones? Escribe horas, minutos o segundos.

_______________ _______________

_______________ _______________

4 ¿A qué hora llega Irene al colegio?

08:00

→ 45 minutos después

___ : ___

→ 12 minutos después

___ : ___

5 Completa.

¿Cuántos minutos hay en 3 horas?

60 + ... + ... = ...

...... × ...... = ...

¿Cuántos segundos hay en 4 minutos?

60 + ... + ... + ... = ...

...... × ...... = ...

6 ¿Que hora marcaba cada reloj? Dibuja y escribe.

11:15 23

60 minutos antes

09:21 00

120 segundos antes

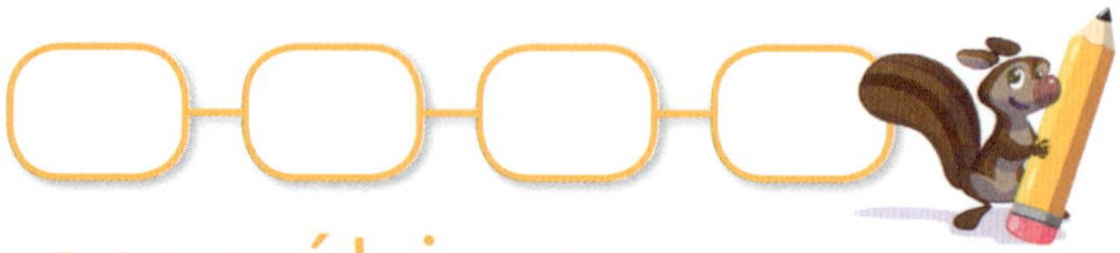

Conozco las figuras Cuerpos geométricos

Irene y sus compañeros han construido diferentes objetos en clase.

Prismas

Pirámides

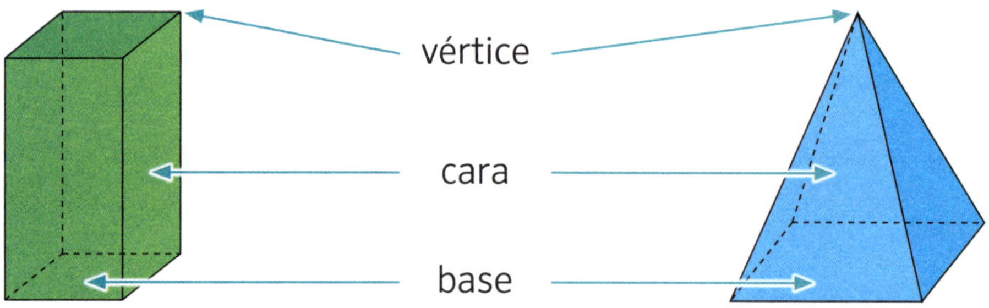

Las caras de los prismas son cuadriláteros.

Las caras de las pirámides son triángulos.

1 Rodea los prismas en azul y las pirámides en rojo.

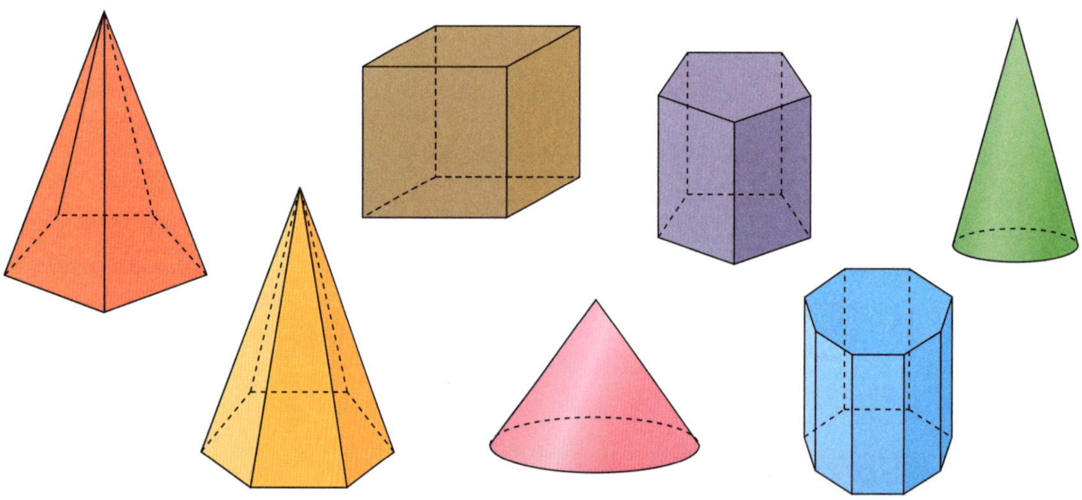

2 Colorea las bases.

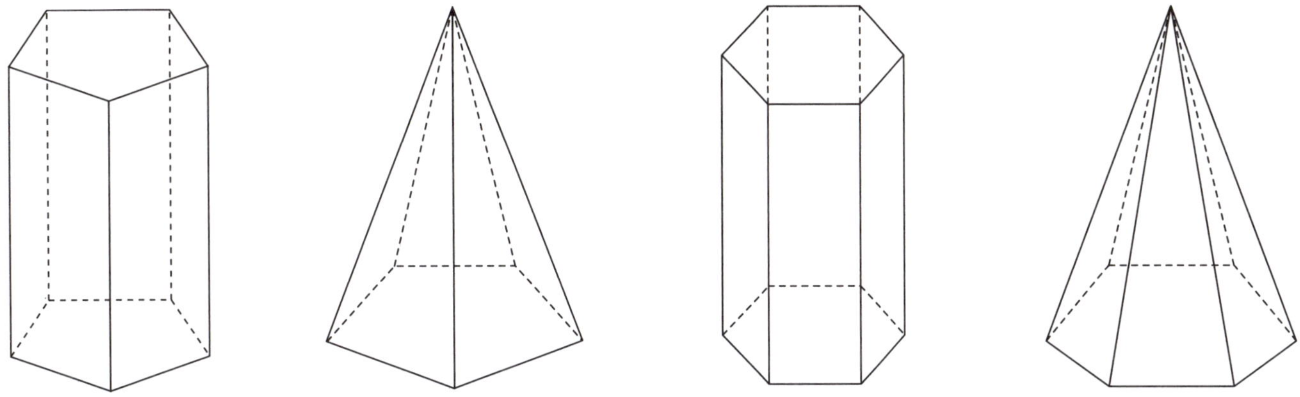

3 Observa y completa.

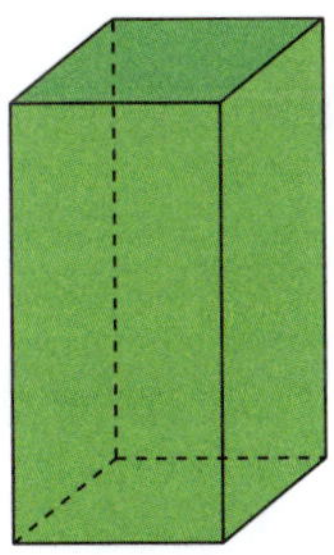

- Este prisma tiene .... bases, ... caras y .... vértices.

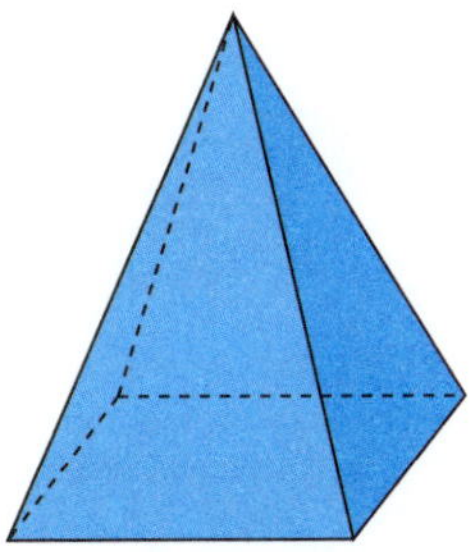

- Esta pirámide tiene .... base, ... caras y .... vértices.

4 ¿Qué cuerpo se forma con estas piezas

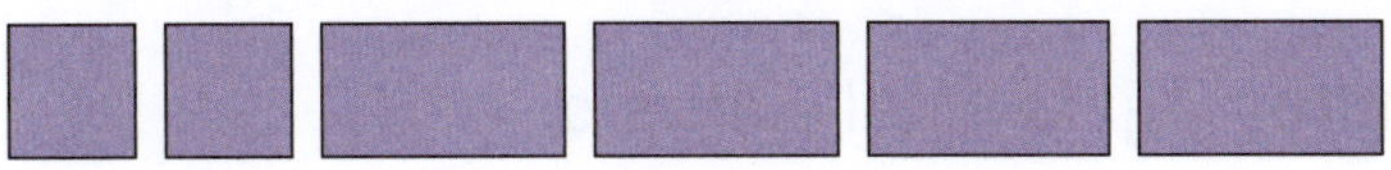

____

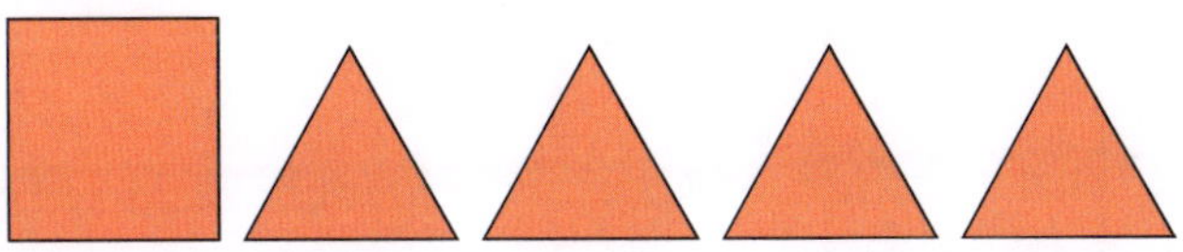

____

Resuelvo operaciones Repaso

1 Resuelve. Si lo necesitas, ayúdate de las tablas de multiplicar.

$2 \times 3 =$	$3 \times 4 =$	$4 \times 5 =$ ......
$6 \times 7 =$	$7 \times 8 =$	$8 \times 9 =$ ......
$2 \times 2 =$	$3 \times 3 =$	$4 \times 4 =$ ......
$6 \times 6 =$	$7 \times 7 =$	$8 \times 8 =$ ......
$1 \times 3 =$	$9 \times 0 =$	$7 \times 1 =$ ......

2 Coloca en torre y resuelve. Después, ordena los resultados de menor a mayor. No olvides el signo.

Sumandos 135, 84 y 621	Minuendo → 420 Sustraendo → 367	Factores 32 y 4

...... ○ ...... ○ ......

3 Descompón de distintas maneras. Fíjate en el ejemplo.

829		
800	20	9
	29	
820		

734		

4 Irene ha hecho la prueba de la resta. Ha comprobado que estaba bien. ¿Cuál era su resta?

5 Escribe con letra el posterior de cada número.

319 → ______________________

699 → ______________________

800 → ______________________

479 → ______________________

6 ¿Cuánto falta para completar otra centena?

399 → Falta 1 unidad.

895 → Faltan ...... unidades.

790 → Faltan ...... unidades.

570 → Faltan 3 decenas.

850 → Faltan ...... decenas.

240 → Faltan ...... decenas.

7 Aproxima cada número a la decena y a la centena.

727 { A la decena: Está entre 720 y 730. Más cerca de 730.
A la centena: Está entre 700 y 800. Más cerca de 700. }

514 289 726 453

Aprendo a resolver problemas

1 Lee y escribe qué nos pregunta el problema.

- Una familia realiza un viaje de 653 km. Averigua cuántos km les quedan cuando han recorrido 184 km.

¿ ____

____ ?

- Dani tiene 32 años menos que su padre. Su padre tiene 41. Calcula la edad del niño.

¿ ____ ?

2 Lee, escribe en forma de pregunta y resuelve.

- Una cría de ballena mide al nacer 7 m. Averigua cuánto debe crecer para medir como su madre, ¡31 m!

¿ ____

____ ?

Metros al nacer: ....

Metros de su madre: ....

▶ ____

Resuelvo problemas

1 En una rotonda han plantado 32 flores amarillas, 32 blancas y 32 rosas. ¿Cuántas flores han plantado?

Flores amarillas: ....

Flores blancas: ....

Flores rosas: ....

▶ ______________________________

2 En esta reserva hay 35 mamíferos, 148 aves y 96 reptiles. Calcula cuántos animales hay.

Mamíferos: ....

Aves: ....

Reptiles: ....

▶ ______________________________

3 Si tengo 4 bolsas con 22 canicas en cada una, ¿cuántas canicas tengo?

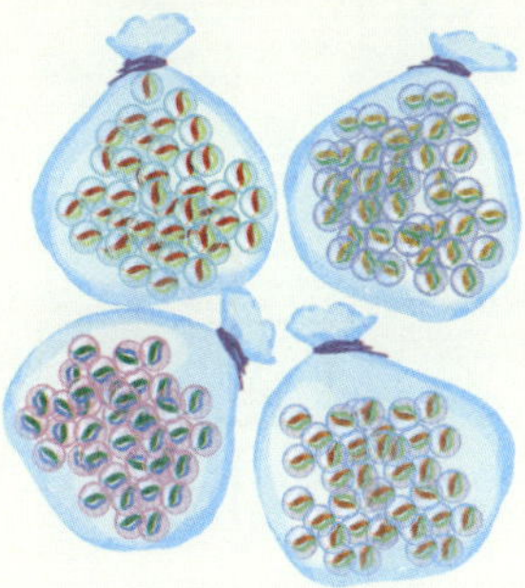

Canicas en una bolsa: ....

Número de bolsas: ....

▶ ______________________________

Repaso

1 Trasforma y resuelve.

$9 + 9 + 9 + 9 =$ ...... $\times$ ...... $=$ ......

$5 + 5 + 5 + 5 + 5 + 5 + 5 + 5 + 5 =$ ...... $\times$ ...... $=$ ......

$6 + 6 + 6 + 6 + 6 + 6 + 6 =$ ...... $\times$ ...... $=$ ......

2 ¿Qué operación corresponde con este dibujo? Rodea y resuelve.

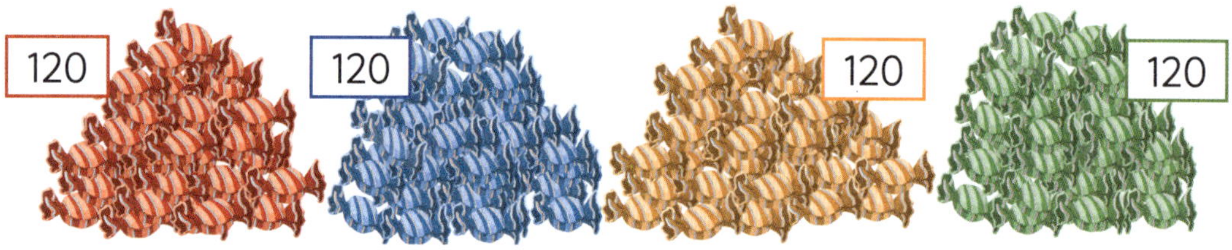

120 + 4	120 – 4	120 × 4

3 Relaciona.

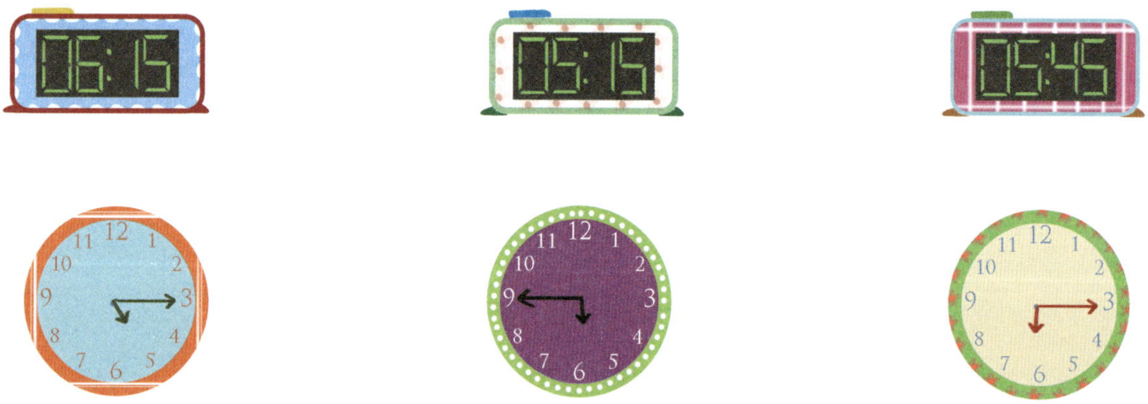

4 Solo se puede contruir un cubo, ¿cuál es? ¿Por qué?

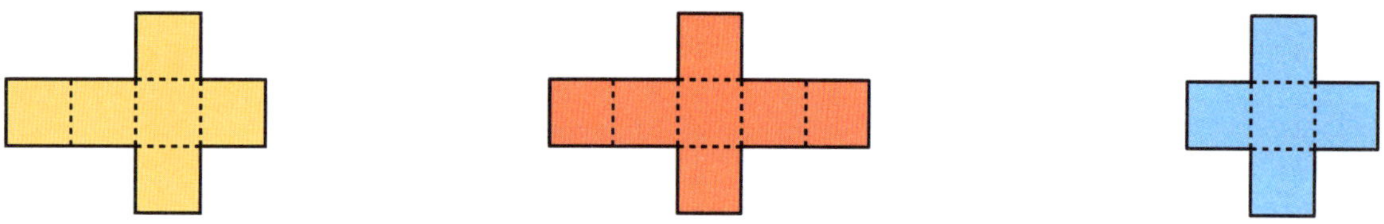

5 ¿Qué hora marcará en el reloj cuando acabe la película? Dibuja.

6 Irene tiene que resolver 134 + 134 con la calculadora. Se ha estropeado la tecla "+". ¿De qué modo puede hacerlo? Explica.

____

____

____

Cálculo mental

Multiplicar por descomposición

22 × 3

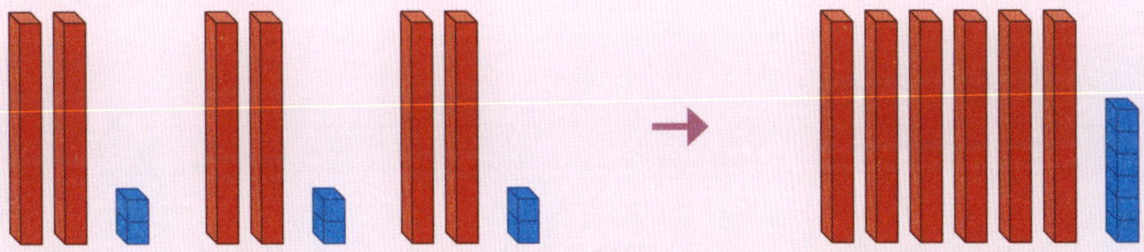

- Calcula.

11 × 3 = ... y ...... = ...   14 × 2 = ... y ...... = ...

12 × 4 = ... y ...... = ...   31 × 3 = ... y ...... = ...

41 × 2 = ... y ...... = ...   23 × 3 = ... y ...... = ...

Ponte a prueba

Los niños de 2.º han preparado un cartel animando a reciclar las pilas usadas.

- El primer día recogieron 21 pilas. ¿Cuántas recogieron la primera semana, de lunes a viernes? Todos los días consiguieron las mismas pilas.

  Pilas recogidas el primer día: ....

  Número de días que han recogido pilas: ....

  ▶ ______________________________

- La segunda semana recogieron 78, y la tercera semana, 63. ¿Cuántas pilas han recogido hasta ahora?

  Pilas recogidas en la primera semana: ....

  Pilas recogidas en la segunda semana: ....

  Pilas recogidas en la tercera semana: ....

  ▶ ______________________________

- El colegio quiere recoger 300 pilas. Así recibirán unos libros de reciclaje. ¿Cuántas más deben recoger?

  Pilas que necesitan: ....

  Pilas recogidas: ....

  ▶ ______________________________

Tarea final

Un cubo especial

Después de su taller de pan, Irene y sus compañeros han descubierto cómo hacer un cubo muy especial. ¡Su nombre es cubo de Rubik! ¿Queréis probar?

PASO **1** **Juntaos en equipos de 4. El profesor os entregará 2 desarrollos de cubo a cada uno. Coloread los cuadrados de los dos cubos de este modo. Después recortadlos y construidlos.**

Es importante que respetes el orden de los colores.

PASO **2** **¿Cuántos cubos habéis hecho entre los cuatro?**

Cada uno hemos hecho .... cubos.

Entre todos hemos hecho .... + ... + ... + ... cubos.

.... × .... = ... cubos.

Colocadlos de modo que forméis otro cubo mayor.

PASO **3** **Colocadlos para que cada cara que se vea sea del mismo color.**

PASO **4** **Debatid y escribid en vuestro cuaderno cuántos cubos os faltan para construir otro cubo más grande.**

11 Tablas de arcilla

Hablamos y descubrimos

Mientras sus padres pagan 15 euros por cada una de las 3 entradas del Museo de Historia, a Irene le surge la duda: "antiguamente, ¿sabrían multiplicar?"

—Hace muchísimos años, ya escribían las tablas de multiplicar en unas tablas de arcilla —le explica el guía.

—¡Ah! —se sorprende Irene— entonces, si hubieran utilizado un pergamino, ¿ahora las tablas se llamarían los *pergaminos de multiplicar*?

1 ¿Qué duda le surge a Irene?

2 ¿Por qué piensa que las tablas de multiplicar podrían llamarse de otra manera?

3 ¿Qué operación deben hacer para calcular el precio total de las entradas?

4 Observa la imagen. ¿Qué billetes utilizan para pagar?

5 Completa una de las vasijas para formar una esfera.

¡Qué importante es... conocer el origen de las cosas!

¿Conoces el origen de algún objeto o palabra?

Tarea final

Al acabar la unidad descubriréis si sois tan sabios como los sabios de la antigüedad.

Resuelvo operaciones Multiplicar con llevadas

¿Cuánto tienen que pagar por las tres entradas?

Para saberlo puedes:

sumar 15 + 15 + 15

o

multiplicar 15 × 3.

1. Multiplica 3 por las unidades.

$3 \times 5 = 15$

$$\begin{array}{r} {}^{1}\;\;\; \\ 1\;5 \\ \times \;\;\; 3 \\ \hline {}^{1}5 \end{array}$$

Escribimos el 5 y llevamos el 1 a las decenas.

2. Multiplica 3 por las decenas y suma la que te llevaste.

$3 \times 1 = 3$

$3 + 1 = 4$

$$\begin{array}{r} {}^{1}\;\;\; \\ 1\;5 \\ \times \;\;\; 3 \\ \hline 4\;5 \end{array}$$

▶ Tendrán que pagar 45 euros por las entradas.

1 Calcula. ¡No te olvides de la que te llevas!

$$\begin{array}{r} 4\;9 \\ \times \;\;\; 2 \\ \hline \end{array} \qquad \begin{array}{r} 2\;6 \\ \times \;\;\; 3 \\ \hline \end{array} \qquad \begin{array}{r} 2\;7\;1 \\ \times \;\;\; 2 \\ \hline \end{array} \qquad \begin{array}{r} 2\;3\;4 \\ \times \;\;\; 3 \\ \hline \end{array}$$

2 ¿Y si te llevas más de una? Observa y resuelve.

$$\begin{array}{r} {}^{2}\;\;\; \\ 2\;1\;5 \\ \times \;\;\; 4 \\ \hline 8\;6\;{}^{2}0 \end{array} \qquad \begin{array}{r} 1\;1\;5 \\ \times \;\;\; 5 \\ \hline \end{array} \qquad \begin{array}{r} 2\;1\;6 \\ \times \;\;\; 6 \\ \hline \end{array} \qquad \begin{array}{r} 1\;0\;7 \\ \times \;\;\; 8 \\ \hline \end{array}$$

3 ¿Cuánto paga esta familia por las entradas para el museo?

▶ En total han pagado .... euros.

4 Irene también multiplica por descomposición cuando hay llevadas. Completa.

114 × 4

	....	+	....	+	....		
×					....		
	....	+	....	+	....	=	....

132 × 5

	....	+	....	+	....		
×					....		
	....	+	....	+	....	=	....

5 Elige la situación que se puede resolver con una multiplicación. A continuación, inventa un problema y resuélvelo.

Resuelvo operaciones Dividir

Irene ha hecho 21 bolitas de arcilla, ¿puede hacer grupos de 3 bolitas y que no sobren?

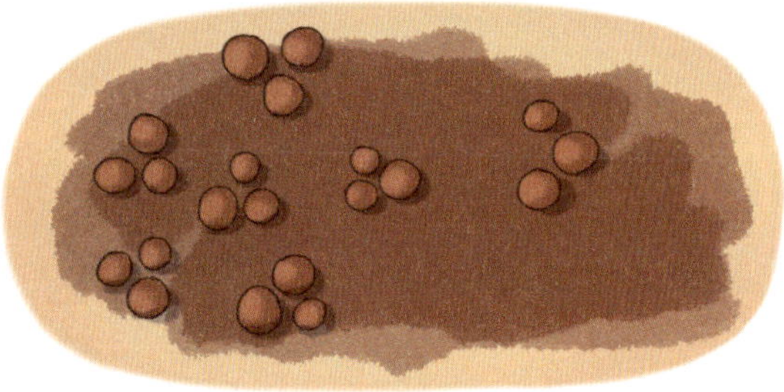

Total de bolitas → 21

Bolitas en cada grupo → 3

Grupos hechos → 7

Bolitas que sobran → 0

▶ Puede hacer 7 grupos de 3 bolitas y no sobra ninguna bolita.

Hacer grupos iguales o repartir a partes iguales es dividir.

Se escribe así → 21 : 3 =7

Se lee así → 21 entre 3 es igual a 7.

1 Haz grupos según se indica y completa.

grupos de 2

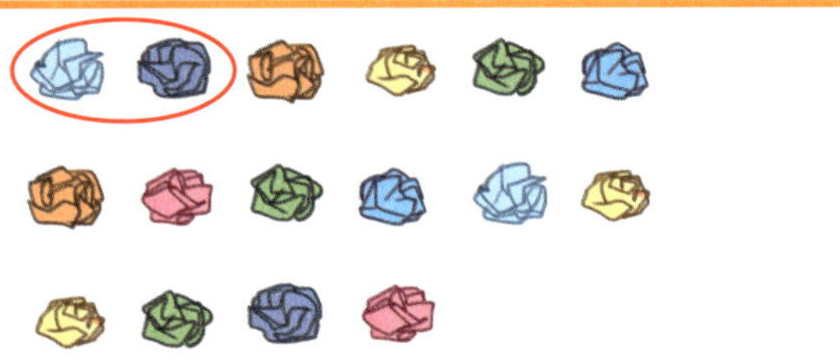

Total de bolitas → ....

Bolitas en cada grupo → ....

Grupos hechos → ....

16 : 2 = ...

¿Cuántas bolitas sobran? ....

grupos de 4

Total de bolitas → ....

Bolitas en cada grupo → ....

Grupos hechos → ....

.... : .... = ...

¿Cuántas bolitas sobran? ....

2 Resuelve. Si lo necesitas dibuja puntos y agrupa.

15 : 6 = ... y sobran ......

16 : 4 = ... y sobran ......

3 Resuelve.

24 : 4 = ...

35 : 7 = ...

15 : 3 = ...

49 : 7 = ...

56 : 8 = ...

18 : 2 = ...

4 ¿Cuántas monedas hay que poner en cada caja para que todas tengan el mismo número? Escribe en forma de división y completa.

...... : ...... = ...

Sobra ...... moneda.

5 Transforma en operación lo que ha hecho Irene.

Como multiplicación → ...... × ...... = ...

Como división → ...... : ...... = ...

6 Irene ha comprado 9 postales en el museo para repartirlas entre sus 3 amigos. ¿Cuántas les tiene que dar a cada uno? Dibuja y resuelve.

Mido Monedas

Irene ha visto en el museo las monedas que se usaban en otras épocas. Ahora quiere hacer una colección con las que usa en la actualidad. ¿Cuáles son?

1 céntimo

2 céntimos

5 céntimos

10 céntimos

20 céntimos

50 céntimos

1 €

2 €

1 Rodea la cantidad que se indica en cada caso.

78 céntimos

2 € y 7 céntimos

3 € y 50 céntimos

2 ¿Dónde hay la misma cantidad de dinero? Une.

Mido Monedas y billetes

Hoy en día también tenemos billetes, algunos se usan para pagar cantidades muy grandes.

5 €

10 €

20 €

50 €

100 €

200 €

500 €

1 Completa.

 → Hay .... € y .... CENT.

 → Hay .... € y .... CENT.

 → Hay .... € y .... CENT.

2 Irene quiere comprar este libro en la tienda del museo. Dibuja el dinero que necesita para pagarlo. Compara la respuesta con tu compañero.

3 Carlos compra un llavero que cuesta 2 € y 40 céntimos. Si tiene 5 € y 50 céntimos, ¿cuánto dinero le sobra?

Conozco las figuras Cuerpos redondos

En una de las vitrinas del museo Irene ve algunos utensilios que usaban antiguamente, ¿qué forma tienen?

cilindro · cono · esfera

▶ Tienen forma de cilindro, cono y esfera.

Los cuerpos redondos tienen en común que todos tienen alguna parte curva.

1 ¿Cuáles son cuerpos redondos? Rodea.

2 Averigua y completa.

La base del cono y la del cilindro es un ______________________

3 Observa. Escribe el nombre de cada cuerpo geométrico y responde.

- ¿Cuántos cilindros hay? ....
- ¿Cuántos conos? ....
- ¿Y cuántas esferas? ....

4 Relaciona cada objeto con su forma.

esfera — cono — cilindro

5 Dibuja una pelota de tenis, un cucurucho de helado y un bote de lápices. ¿Qué forma tiene cada uno? Escribe.

Trabajo con datos Seguro, posible, imposible

Irene y sus amigos juegan a sacar al azar bolas de colores con los ojos vendados. ¿De qué color será la bola que coja Irene?

- Es seguro que la bola será verde, azul o amarilla.
- Es posible que la bola sea amarilla.
- Es imposible que la bola sea roja.

1 Observa y tacha lo que es falso.

Es posible coger una tarjeta blanca.

Es seguro coger una tarjeta naranja.

Es imposible coger una tarjeta verde.

2 ¿Es seguro, posible o imposible? Responde.

- ¿Puedo coger una moneda?

____

- ¿Puedo coger un billete?

____

- ¿Puedo coger una moneda de 1 €?

____

3 Une para que las afirmaciones sean verdaderas.

Es imposible comer un plátano.

Es posible comer una manzana.

Es seguro comer un plátano.

Es seguro comer una manzana.

4 ¿Cómo pueden ser las ruletas? Colorea.

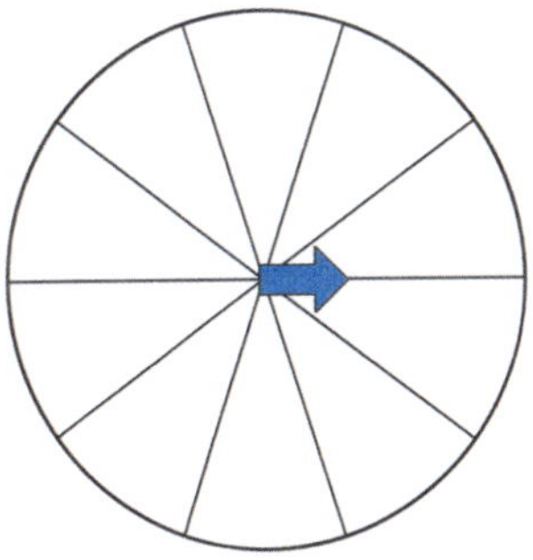

Imposible que salga azul.

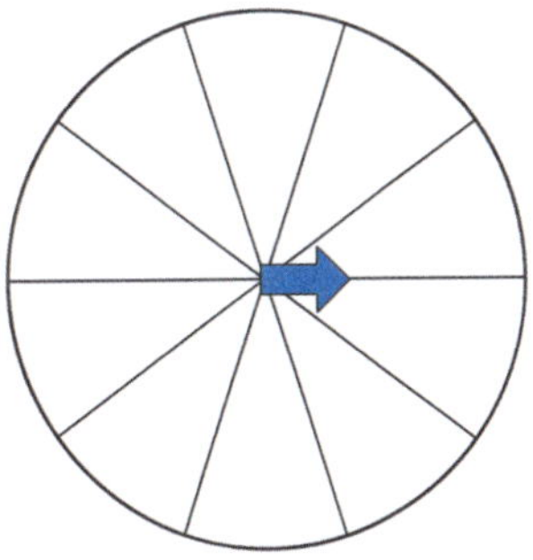

Seguro que sale azul.

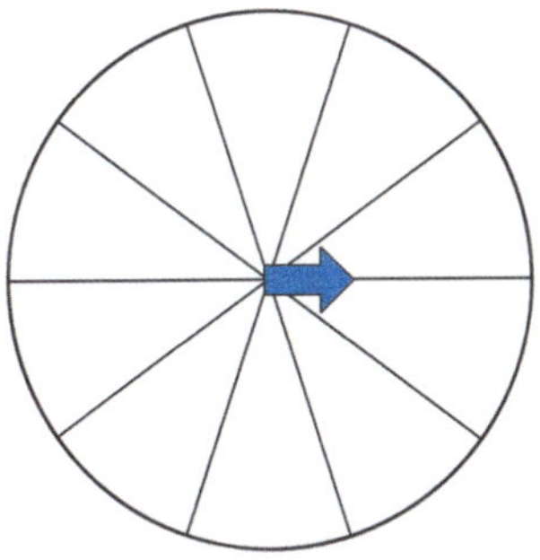

Es posible que salga azul.

5 Contesta. Usa estas palabras: siempre, a veces, nunca.

¿Sumarán 15?

¿Cogeré uno de limón?

¿Meterá gol?

Resuelvo operaciones Repaso

1 ¿Qué resta está representada? Completa.

Minuendo →

Sustraendo →

Diferencia →

2 Coloca en torre y calcula.

920 – 216	120 + 39 + 449	118 × 3	600 – 74

3 Ordena los resultados de la actividad anterior de mayor a menor y escribe el signo.

4 Añade 3 bolas a este ábaco. El número que tiene que quedar debe ser par y lo mayor posible.

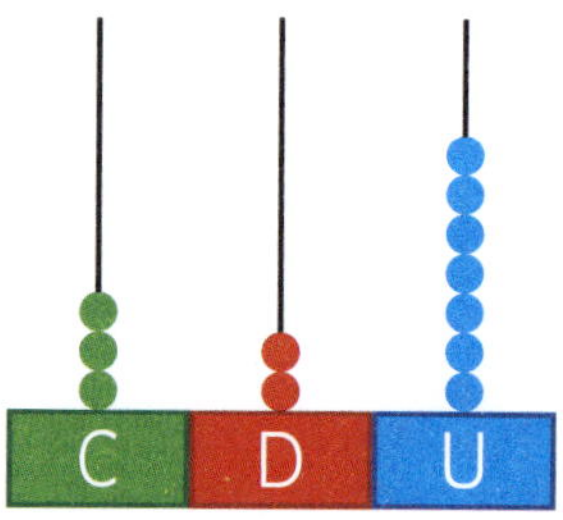

- ¿Cuál es el nuevo número? ....
- ¿Cómo se lee? __________

5 Dos amigos se quieren repartir a partes iguales estas galletas.

- ¿Cuántas galletas hay? ....
- ¿Entre cuántos reparten? ....
- ¿Cuántas le tocan a cada uno? ....
- ¿De qué modo reparten la galleta que sobra? ____________
- ¿Cuánto le toca entonces a cada uno? ____________

6 Descompón de distintos modos. Fíjate en el ejemplo.

538

500	+	30	+	8
400	+	130	+	
100	+		+	38
	+	430	+	

304

300	+	0	+	4
200	+		+	
	+		+	
0	+		+	

7 Resuelve.

27 : 9 = ... y sobran ....

45 : 8 = ... y sobran ....

8 Completa esta cadena de operaciones para que el resultado sea 100.

320 + 185 – 205 ...

Aprendo a resolver problemas

1 Lee y elige la respuesta correcta.

- Patricia colecciona fósiles. El primer año consiguió 39 y ahora tiene el triple. ¿Cuántos fósiles tiene ahora?

  ☐ 36 ☐ 117 ☐ 790 ☐ 17

- En un teatro museo se han vendido 125 entradas, y cada una cuesta 5 €. ¿Cuánto han recaudado?

  ☐ 130 € ☐ 625 entradas

  ☐ 120 entradas ☐ 625 €

- Yago ha leído que un rey nació hace 350 años y murió hace 285 años. ¿Cuántos años vivió?

  ☐ 185 ☐ 65 ☐ 635 ☐ 200

2 Lee, elige la respuesta correcta y resuelve para comprobarlo.

- En un viejo cofre había 173 monedas. Ahora hay 267. ¿Cuántas monedas han añadido?

  ☐ 440 ☐ 999 ☐ 94 ☐ 7

Había: ....

Ahora hay: ....

▶ ______________________________

Resuelvo problemas

1 María ha comprado una cámara de fotos que le ha costado 137 €. Ha pagado con 3 billetes de 50 €. ¿Cuánto dinero le ha sobrado?

Dinero que da: ....

Precio de la cámara: ....

▶ ____________________

2 Óscar ha tardado 34 minutos en hacer los deberes, y su hermano mayor, el doble. ¿Cuántos minutos ha tardado el hermano mayor?

.... ◯ .... = ...

▶ ____________________

3 Sergio leyó ayer 57 páginas de su libro, y hoy, 63. El libro tiene en total 125 páginas. ¿Lo ha terminado?

Páginas que leyó ayer: ....

Páginas que ha leído hoy: ....

.... ◯ .... = ...

▶ ____________________

Repaso

1 ¿Cuántos niños hay en total en 2.°?

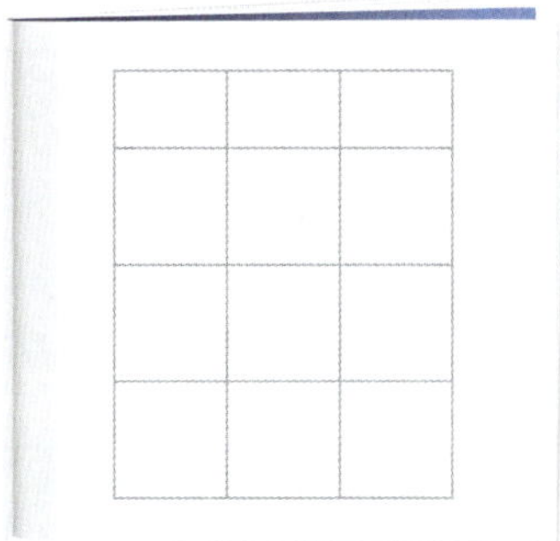

▶ En total hay .... alumnos en 2.°.

- Si en la clase de 2.° A se sientan en equipos de 4. ¿Cuántos equipos se forman?

Total de niños → ....

Niños en cada equipo → ....

Equipos hechos → ....

Sobran → ....

2 ¿Cómo puedes tener el mismo dinero con el menor número de monedas y billetes posible? Dibuja.

3 Escribe si se trata de un suceso seguro, posible o imposible.

Sacar un número al tirar un dado.	Sacar un número impar al tirar un dado.	Sacar el número 7 al tirar un dado.
______	______	______

4 Escribe debajo de cada figura el resultado que se indica.

- En el cono el resultado de 6 × 9.
- En la esfera el resultado de 8 × 7.
- En el cilindro el resultado de 9 × 5.

5 La calculadora de Irene solo tiene números impares. ¿Cómo puede resolver 115 × 4? Compara tu respuesta con la de tu compañero.

Cálculo mental

Multiplicar por descomposición

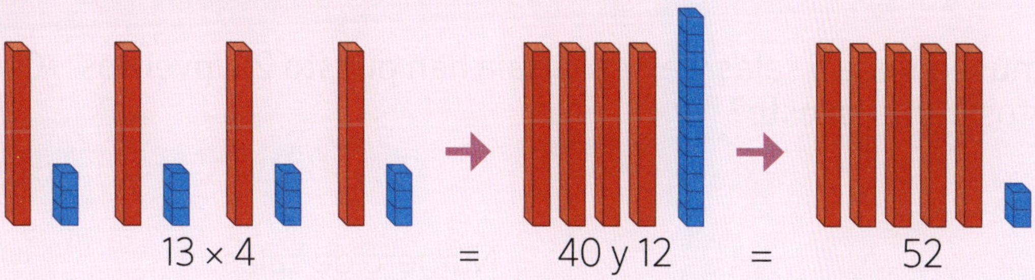

- Resuelve mentalmente.

12 × 5 = ... y .... = ...   35 × 3 = ... y .... = ...

47 × 2 = ... y .... = ...   24 × 3 = ... y .... = ...

Ponte a prueba

En el museo han hecho reforma y quieren colocar los inventos por los años de antigüedad que tienen.

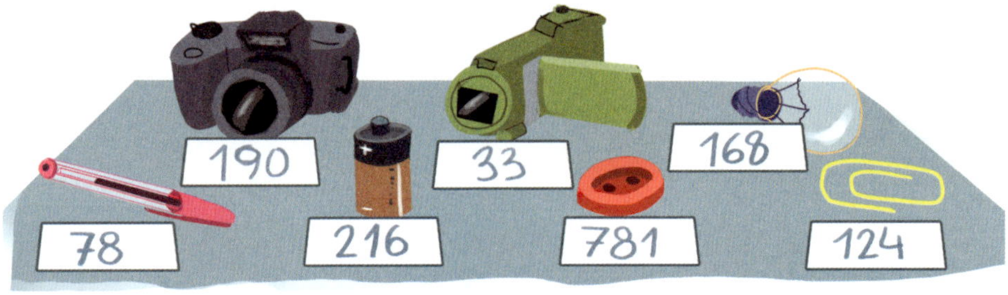

- Escribe el nombre de los inventos comenzando por el más antiguo.

- La locomotora de vapor se inventó hace 212 años. El submarino hace el doble de años. ¿Cuánto hace que se inventó el submarino?

▶

- Si el museo tiene 5 salas y en cada sala han puesto 25 inventos. ¿Cuántos inventos han expuesto?

Número de salas: ....

Inventos en cada sala: ....

▶

Tarea final

Seguro que eres un sabio

Irene descubre en el museo que antiguamente se consideraba sabios a las personas que hacían divisiones correctamente y con rapidez. ¿Quieres comprobar lo sabios que sois?

PASO 1 Por parejas haced un buen montón de bolitas de papel y metedlas en una bolsa.

PASO 2 Tu compañero sacará al azar un puñado y lo echará en la mesa. Tú deberás responder de inmediato si es posible hacer grupos de 4 bolitas con ellas sin que sobre ninguna.

PASO 3 Haz grupos de 4 y comprueba si has acertado.

Antes de comprobar si puedes hacer los grupos, ¿se trata de un suceso seguro, posible o imposible?

PASO 4 Completa esta tabla y cambiad los roles para volver a jugar.

Bolitas para agrupar	....	....	Bolitas en cada grupo
Bolitas que sobran	....	....	Grupos hechos

12 La mitad de un papel

Hablamos y descubrimos

Irene está muy orgullosa. Ha construido un molinillo de viento con un papel. Primero, lo ha doblado por la mitad, luego, otra vez y otra... Ahora, su molinillo gira rápido con el viento.

—Si se acaba el viento, ¿el molinillo ya no sirve? —pregunta Irene a Diego, su profesor.

—El viento no se acaba, Irene, solo se detiene. Aunque no lo sientas, están ahí. Es como el cariño hacia tus compañeros, aunque se termine el curso y no los veas, está ahí.

1 ¿Qué cree Irene que pasa si se detiene el viento? ¿Estás de acuerdo con Irene?

2 ¿Sabes cómo doblar un papel por la mitad? Explícalo.

3 Agrupa de dos en dos los molinillos que hay en el suelo. ¿Sobra alguno?

4 Fíjate en la camiseta del profesor. Completa el dibujo para que sea un corazón.

¡Qué importante es... la energía renovable!

Diego explica que el viento no se acaba. ¿Qué otra energía conoces que no se acabe nunca?

Tarea final

Al acabar la unidad construiréis vuestros propios molinillos de viento.

Aprendo los números Doblar en mitades y cuartos

Irene quiere doblar un papel cuadrado para que queden 2 partes iguales. Observa cómo puede hacerlo.

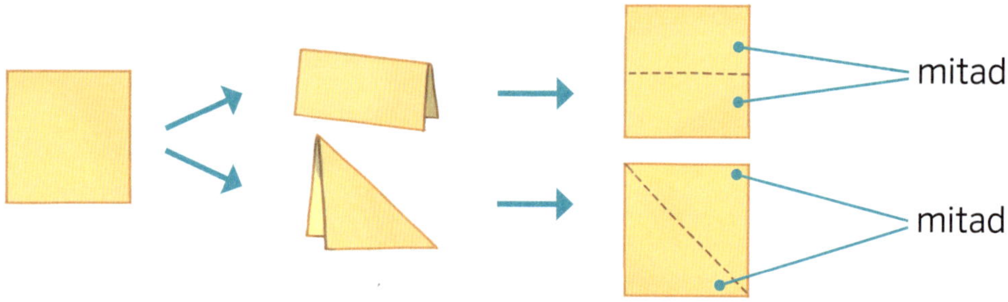

Al doblar una unidad en dos partes iguales, a cada parte se le llama mitad.

¿Y cómo lo puede doblar en 4 partes iguales?

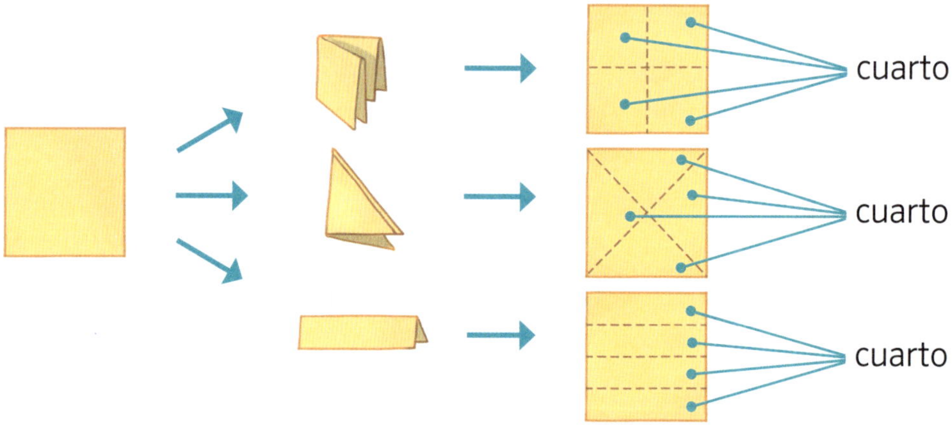

Al doblar una unidad en cuatro partes iguales, a cada parte se le llama cuarto.

1 ¿Qué figuras están divididas por la mitad? Marca.

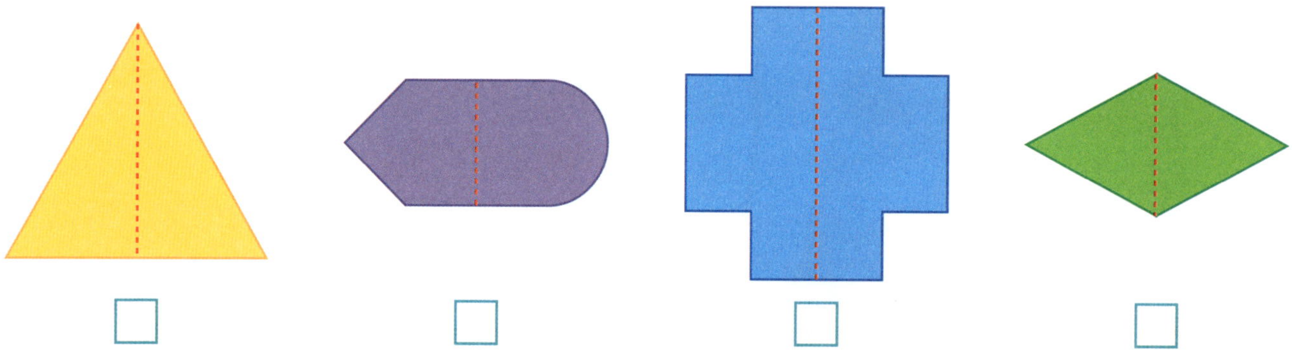

2 Divide estos círculos según se indica.

En mitades

En cuartos

3 ¿En que cantidad de pizza piensa cada niño? Une y responde.

La mitad de la pizza

Tres cuartos de pizza

- ¿Quién piensa en más cantidad de pizza?

4 Observa, dibuja y contesta.

- ¿Qué forma tiene la figura?
- Divídela por la mitad. ¿En cuántas partes has dividido la figura?
- Divide cada mitad por la mitad. ¿En cuántas partes está dividida ahora la figura?
- ¿Cómo se llama cada una de las partes en que está dividida ahora la figura?

Resuelvo operaciones La mitad y la cuarta parte

¿Cuántas galletas come cada uno?

Para calcular la mitad dividimos entre 2.

12 : 2 = 6

La mitad de 12 es 6.

▶ A cada uno le corresponden 6 galletas.

Para calcular la cuarta parte dividimos entre 4.

20 : 4 = 5

La cuarta parte de 20 es 5.

▶ A cada uno le corresponden 5 galletas.

1 Completa.

La mitad de 4 es ...... → 4 : 2 = ...

La mitad de 16 es ...... → 16 : 2 = ...

La cuarta parte de 4 es ...... → 4 : 4 = ...

La cuarta parte de 16 es ...... → 16 : 4 = ...

Resuelvo operaciones El tercio

Este paquete tiene 15 galletas. La tercera parte son de chocolate. ¿Cuántas galletas son de chocolate?

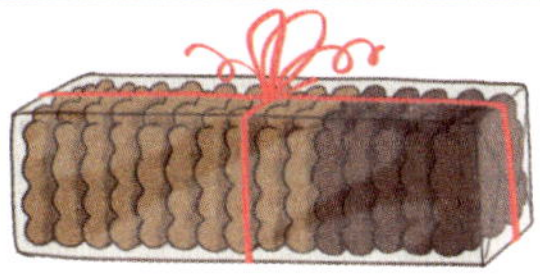

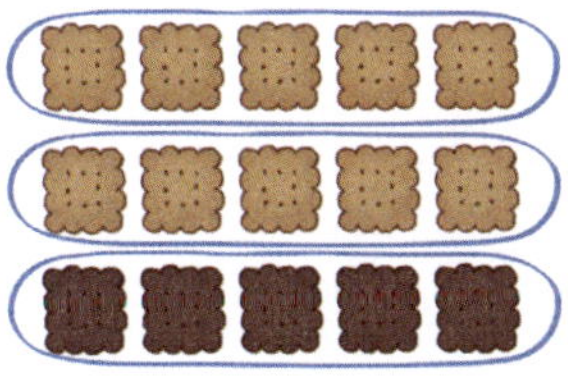

Para calcular la tercera parte dividimos entre 3.

15 : 3 = 5

La tercera parte de 15 es 5.

▶ Hay 5 galletas de chocolate.

1 Une.

Tercera parte de 6	21 : 3	2
Tercera parte de 18	6 : 3	7
Tercera parte de 21	18 : 3	6

2 ¿Cuántas páginas ha leído cada uno?

....

3 Lee, copia y calcula.

Un medio de 10

Un cuarto de 24

Un tercio de 12

Un **medio** es la mitad.
Un **tercio** es la tercera parte.
Un **cuarto** es la cuarta parte.

Mido Equivalencia entre monedas y billetes

Irene ha hecho 10 montones de 10 monedas de un céntimo.

1 euro equivale a 100 céntimos.

=

1 €

100 monedas de 1 CENT

1 Rodea los conjuntos de monedas que equivalen a 1 €.

2 Completa.

2 € es igual a .... CENT.

6 monedas de 50 CENT es igual a .... €.

3 ¿Quién puede comprar el robot? Señala.

4 Dibuja la moneda o el billete necesario para que haya las siguientes cantidades en los monederos.

10 euros

10 euros

50 euros

50 euros

Conozco las figuras Simetría

¿Cómo son las figuras que han dibujado Irene y sus amigos?

Al doblar la figura por el eje de simetría coinciden las dos partes.

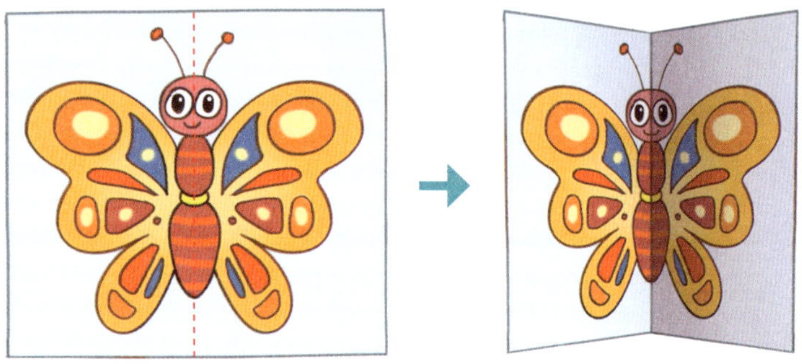

▶ Las figuras son simétricas.

1 Dibuja el eje de simetría de estas figuras.

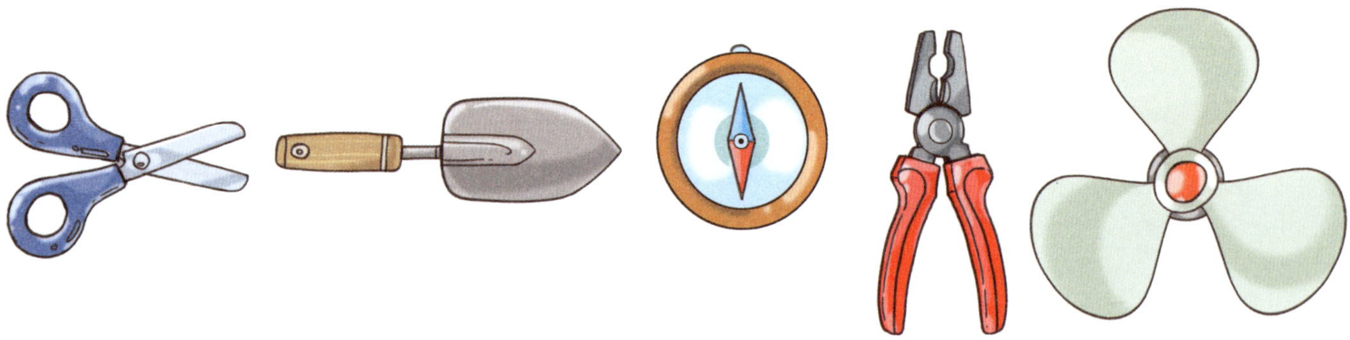

2 Rodea las letras que son simétricas.

3 Dibuja para que sean simétricas.

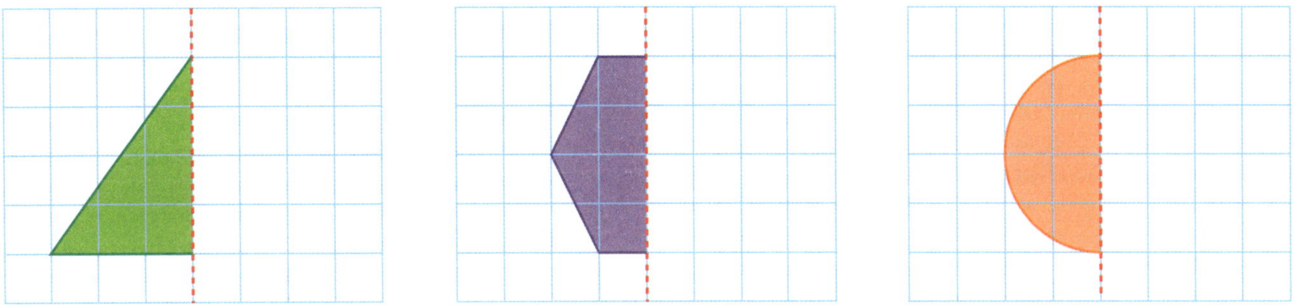

4 ¿Qué parejas de figuras son simétricas? Marca.

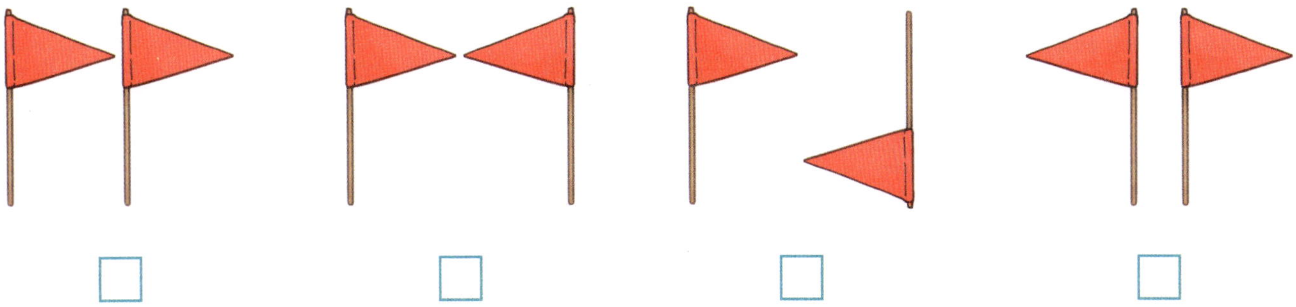

5 Completa la cuadrícula para que los dibujos sean simétricos.

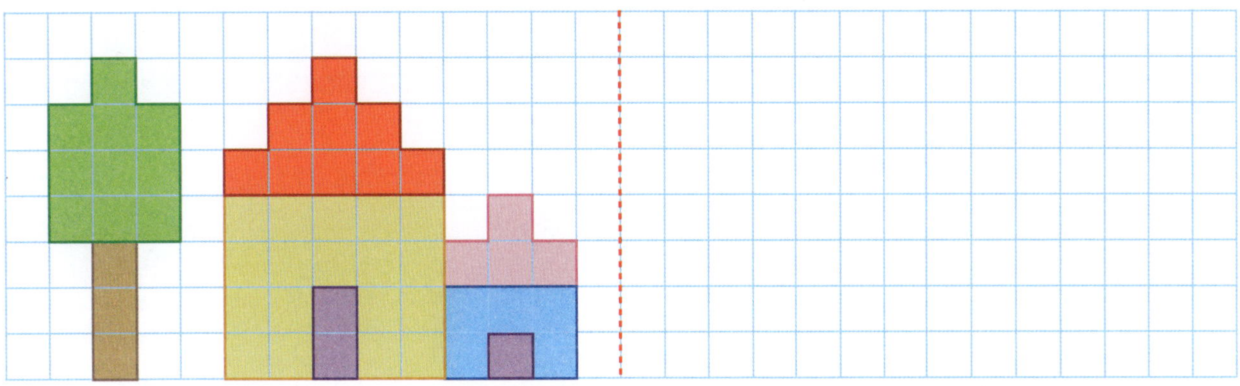

6 Dibuja una figura simétrica y marca su eje de simetría.

Resuelvo operaciones Repaso

1 Si en una resta el minuendo es 375 y la diferencia es 114, ¿cómo podemos calcular el sustraendo? Explica y resuelve.

−	3	7	5
	1	1	4

2 ¿De qué número se trata? Escribe cómo se lee.

- 2 C, 5 D y 3 U →
- 4 C y 7 U →
- 14 D y 1 U →
- 9 C y 19 U →

3 Calcula.

- Triple de 2
- Mitad de 8
- Doble de 6

4 Resuelve estas sumas.

292	276	524	79
228	29	166	184
+ 333	+ 196	+ 207	+ 99

5 Descompón cada número de distintas formas. Fíjate en los ejemplos.

345		
3 C	4 D	5 U
3 C	45 U	
34 D		5 U

631		

907		

345		
300	40	5
300	45	
340		5

631		

907		

6 Completa.

3 × 4 = ...	6 × ...... = 30	...... × 7 = 49
5 × 5 = ...	8 × ...... = 72	...... × 6 = 36
10 : 2 = ...	14 : 7 = ...	63 : 9 = ...
18 : 9 = ...	12 : 6 = ...	49 : 7 = ...

7 Fíjate en el signo y resuelve.

$$\begin{array}{r} 674 \\ +\ 238 \\ \hline \end{array} \qquad \begin{array}{r} 802 \\ -\ 497 \\ \hline \end{array} \qquad \begin{array}{r} 232 \\ \times\ \ \ 4 \\ \hline \end{array} \qquad \begin{array}{r} 400 \\ -\ 228 \\ \hline \end{array}$$

8 Observa el ejemplo y resuelve.

6 : 3 = 2	12 : 4	18 : 2	25 : 5	28 : 7	32 : 8	54 : 9
3 × 2 = 6						

Aprendo a resolver problemas

1 Completa los enunciados utilizando las palabras de la derecha.

- Quedan 17 días de clase y el triple para que Berta se vaya a la playa. ______ los días que faltan para su viaje.
- Para hacer el decorado han utilizado 125 bombillas ______ y 237 blancas. ¿Cuántas bombillas han utilizado en ______?
- A un campamento de verano van 74 niños y 65 ______ ¿Cuántos ______ más que niñas van?

2 Completa las partes que faltan y después resuelve.

En la fiesta hay 28 ______ de jamón y 37 de ______.
¿Cuántos sándwiches hay en total?

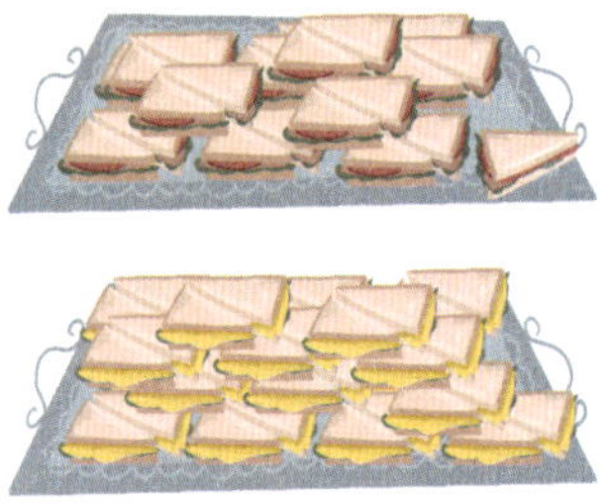

______ de jamón: ......

Sandwiches de ______: ......

▶ ______

Resuelvo problemas

1 Patricia pesa el triple que su perrito. ¿Cuánto pesa Patricia?

Peso del perrito: ....

▶ ______________________________

2 Están construyendo un edificio que medirá 185 metros de altura. Si ya han construido 97 metros, ¿cuántos quedan por construir?

Altura del edificio: ....

Metros construidos: ....

▶ ______________________________

3 Tres amigos están recogiendo conchas. Marta tiene 27, Manuela, 46, y Teo, 32. ¿Han conseguido 100 conchas entre los tres?

Conchas de Marta: ....

Conchas de Manuela: ....

Conchas de Teo: ....

▶ ______________________________

Repaso

1 Después de lo que han comido, ¿cuánta tarta queda en cada caso?

▶ Queda ____________ ▶ Queda ____________

2 Observa y responde.

- ¿Cuántos huevos hay? ....
- ¿Cuántos gastan si utilizan un tercio para una tortilla? ....
- Si al final solo gastan 3 huevos, ¿cuántos han utilizado? Colorea la opción correcta.

La mitad | Un tercio | Un cuarto

3 Olalla tiene la mitad del dinero de Arturo. Dibuja lo que tiene Olalla.

4 Calcula.

Mitad de 20 = ... Mitad de 14 = ...

Cuarta parte de 36 = ... Cuarta parte de 28 = ...

5 ¿Qué figuras son simétricas? Rodea.

6 ¿Cómo puede resolver Irene 12 : 3 con la calculadora utilizando el signo x? Explica.

Cálculo mental

Mitad para cada uno

Mitad de 62

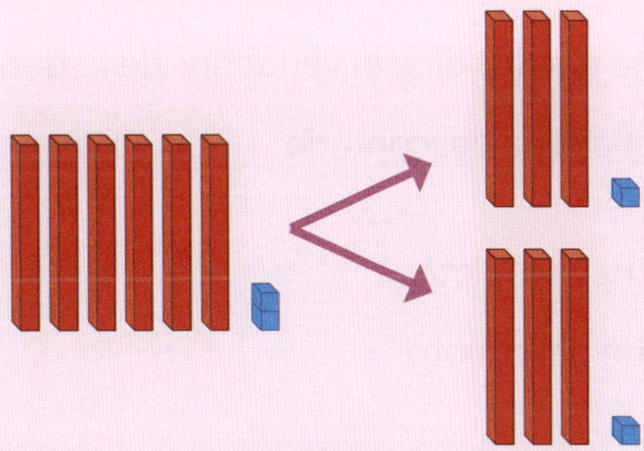

Como la mitad de 60 es 30, y la mitad de 2 es 1, entonces, la mitad de 62 es 31.

- Ahora hazlo tú.

La mitad de 42: ....

La mitad de 66: ....

La mitad de 28 : ....

La mitad de 84 : ....

Ponte a prueba

Los padres de Alberto no saben si comprar un ordenador portátil para llevárselo durante las vacaciones o una tableta.

- Si quieren comprar el que tiene más descuento, ¿cuál comprarán?

- ¿Cuánto cuesta el ordenador portátil con el descuento?

  Precio del portátil: ……

  Euros de descuento: ……

  ▶

- Observa lo que les dice el vendedor de la tienda.

  Comprueba si ha descontado bien el precio.

  Precio de la tableta: ……

  Euros de descuento: ……

  ▶

- ¿Cuál les recomendarías que compraran? ¿ Por qué?

Tarea final
Fábrica de molinillos

Irene y sus compañeros están muy contentos. ¡Han construido molinillos de viento! ¿Quieres intentarlo tú?

PASO 1 Fabrica un cuadrado partiendo de un folio.

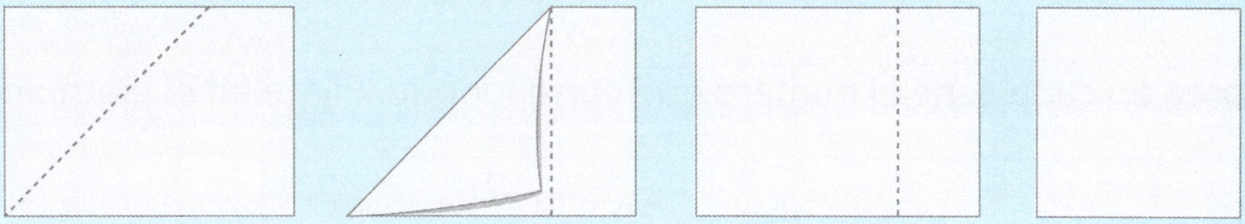

PASO 2 Une de vértice a vértice y colorea cada cuarto de un color.

PASO 3 Recorta como se muestra en el dibujo. Dobla, pega y pégale una pajita.

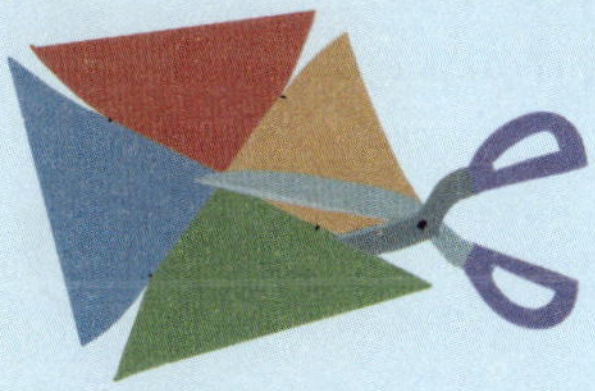

PASO 4 Colocad la mitad de los molinillos decorando una pared y la otra mitad en otra. Escribid un mensaje que recuerde lo importante que es cuidar el planeta.

Comprueba lo que has aprendido

Test

¿Qué has aprendido? Realiza el test y compruébalo.

1. Rodea los números que son a la vez resultados de la tabla del 2, del 4 y del 8.

8	20	4	2	12	16	14	22

2. Colorea en cada serie el número que corresponde. Fíjate en el ejemplo.

12	14	16	18	20	21 / 23	22 / 24

24	27	30	33	36	40 / 39	30 / 49

4	8	12	16	20	22 / 26	24 / 28

3. Marca en cada caso la respuesta correcta.

- Si repartes una caja de 25 rotuladores a partes iguales entre los niños de este equipo, entonces:

☐ Le tocan 4 a cada uno y sobra 1.

☐ Le tocan 6 a cada uno y sobra 1.

☐ Le tocan 6 a cada uno y no sobran.

- Si en una tienda me gasto 3 euros y 5 céntimos y entrego un billete de 5 euros, entonces me devuelven:

☐ Más de 2 euros. ☐ Menos de 2 euros. ☐ 2 euros.

- En una clase la mitad de los alumnos son niños y la otra mitad niñas. ¿Cuántos alumnos puede haber en la clase?

☐ 25 ☐ 26 ☐ 27

¡Bingo!

En la clase de Irene están jugando al bingo de las operaciones. Están a punto de acabar. ¿Eres capaz de averiguar quién va a ganar?

- Observa lo que les falta a cada uno para acabar su cartón. ¡Ha salido el 24! ¿Qué puede tapar cada uno? Colorea.

- La siguiente bola que ha salido ha hecho que Nora sea la ganadora. ¿Qué número ha salido? Explica por qué ha ganado Nora.

Ha salido el número ....

Ha ganado Nora porque ______________________________

____

- El premio que se ha llevado es un lote de 36 cromos y ha decidido repartir su premio entre los 4. ¿Cuántos le tocarán a cada uno?

Les tocan .... cromos a cada uno.

Mi localidad cumple años

PROYECTO TRIMESTRAL
Descubrimos la historia

¡Te lo cambio!

¿Sabes que a lo largo de la Historia los seres humanos han vendido y comprado lo que necesitaban de distintas formas? Vamos a descubrir cómo lo han hecho en esta cuidad con el paso del tiempo.

Ciudadvila: EL TRUEQUE

1 En Ciudadvila, al principio, el intercambio de animales y alimentos era la forma de pago. Observa.

- Imagina que vives en esta ciudad durante esta época. Contesta.

1) ¿Cuál crees que es el animal más valioso? ¿Por qué?

2) Si tienes una vaca y la quieres cambiar por gallinas, ¿cuántas te dan?

3) ¿Cuántos huevos tienes que dar para que te los cambién por 6 barras de pan?

4) ¿Cuántas barras de pan puedo comprar con 1 gallina?

Ciudadvila: LAS MONEDAS

2 Con el paso del tiempo llegaron las monedas. Observa qué valor tienen entre sí las diferentes monedas y lo que puedes comprar con ellas.

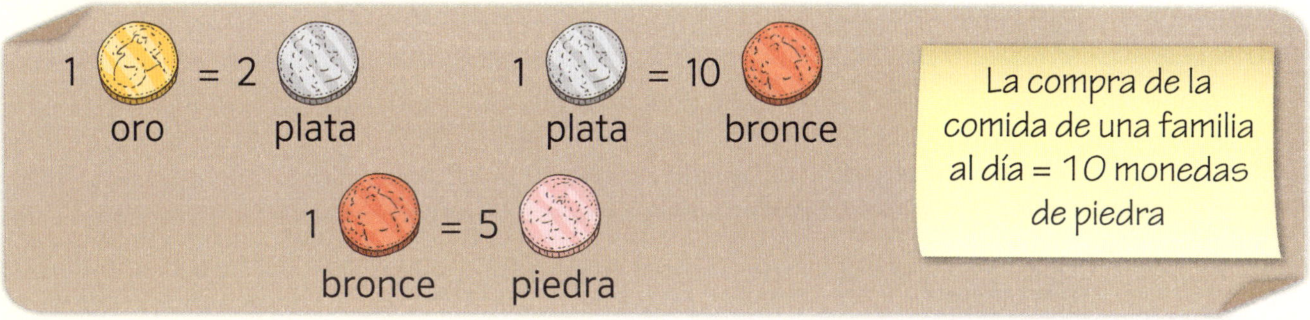

- Ahora imagina que te conviertes en un habitante de esta ciudad. Contesta.

  1) ¿Cuántas monedas de bronce necesita tu familia para comer un día?

  2) ¿Y para comer una semana?

  3) ¿Cuántas monedas de bronce te dan por una moneda de oro?

  4) ¿Cuántos días podrá comer tu familia con una moneda de oro?

3 ¿Qué época crees que es mejor o en cuál te gustaría más vivir? Explica el porqué.

El libro Matemáticas para **2.º de Primaria** forma parte del Proyecto Editorial de Educación Primaria de SM. En su realización ha participado el siguiente equipo:

Autoría
Javier Bernabeu, Aurora Bellido, Mercedes Garín, Gregoria Martín, Nieves Herrero, Francisco Morales, José Manuel Vidal, María Nila Pérez, Juan Miguel Hidalgo, Vicente Moratalla

Edición
Cristina Ulloa, Jesús Macías, Natividad Juarros

Corrección
Javier López

Ilustración
Alya Mark, Macus Romero, Juan Antonio Rocafort, David Arumi, Gusti (Cubierta)

Fotografía
Javier Calbet, Fidel Puerta, Almudena Esteban / ARCHIVO SM; SHUTTERSTOCK

Edición gráfica
María Pía Hidalgo

Diseño de cubierta e interiores
Estudio SM

Responsable del proyecto
Javier Bernabeu, Jesús Macías

Coordinación de contenidos digitales
Mara Mañas

Coordinación editorial de Matemáticas
Josefina Arévalo

Coordinación editorial de Primaria
Nuria Vallina, Nuria Corredera

Dirección de Arte del proyecto
Mario Dequel

Dirección editorial
Aída Moya

Ilustración de cubierta de Gusti, del libro *Versos para contar*, SM, 2012.

Gestión de las direcciones electrónicas
Debido a la naturaleza dinámica de internet, SM no puede responsabilizarse de los cambios o las modificaciones en las direcciones y los contenidos de los sitios web a los que remite en este libro.

Con el objeto de garantizar la adecuación de las direcciones electrónicas de esta publicación, SM emplea un sistema de gestión que redirecciona las URL que con fines educativos aparecen en la misma hacia diversas páginas web; entre otras de uso frecuente: http://es.wikipedia.org, www.youtube.es. SM declina cualquier responsabilidad por los contenidos o la información que pudieran albergar, sin perjuicio de adoptar de forma inmediata las medidas necesarias para evitar el acceso desde las URL de esta publicación a dichas páginas web en cuanto tenga constancia de que pudieran alojar contenidos ilícitos o inapropiados. Para garantizar este sistema de control es recomendable que el profesorado compruebe con antelación las direcciones relacionadas y que comunique a la editorial cualquier incidencia a través del correo electrónico ediciones@grupo-sm.com.

Cualquier forma de reproducción, distribución, comunicación pública o transformación de esta obra solo puede ser realizada con la autorización de sus titulares, salvo excepción prevista por la ley. Diríjase a CEDRO (Centro Español de Derechos Reprográficos, www.cedro.org) si necesita fotocopiar o escanear algún fragmento de esta obra.

© Ediciones SM
ISBN General: 978-84-675-7507-1
ISBN Andalucía: 978-84-675-7508-8
Depósito legal: M-00.477-2015
Impreso en la UE / *Printed in EU*

Este libro está impreso en papel procedente de bosques gestionados de manera sostenible.